あそぼ

犬ゴコロ

気持ちが分かればもっと仲良し!

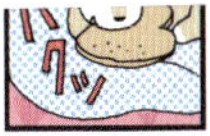

おおー!!
ひょい
ひょい
次は歩道橋
すげー
スタスタ
血統がいいからよ
チラ
…
我が家の犬（のんき）は家族にも吠えまくり
ワンワンワン
えー?
ガプ
いってぇ
ウーッ
ウ〜ッ
おしっこは家中にし放題
もうバカ犬!
かたかたっ
シー
おー!!
とても問題児…
こいつー!
のんきおしっこしたー
カッカッ
♪

どうして!? うちの子は?
…
ぼくだって やろうと思えば できるけどさ
実はこの子も ちょっと前まで こんなダメ犬 だったんじゃ
ウー ウー
ぷりっ
え! のんきと 一緒じゃん
こんなこと できるように なるの?
ホントに!?
犬の気持ちが分かれば どんどん変わるんじゃ
犬の気持ち?
コクン

もくじ

第１章　犬との出会い

犬を飼う前に…………………… 14

コラム こんな犬が欲しい！… 16

犬グッズをそろえる………… 18

登録と予防注射……………… 20

しつけのスケジュール……… 21

はじめての我が家…………… 22

スキンシップを大切に……… 26

散歩に出かけよう…………… 28

留守番とお出かけ…………… 30

第２章　犬との生活

犬の５つの性格 …………… 38

性格❶ 恥ずかしがり屋 ……… 40

性格❷ わがまま ……………… 42

性格❸ うれしがり屋 ………… 44

性格❹ いたずらっ子 ………… 46

性格❺ 甘えんぼ ……………… 48

サイン❶ 喜び ………………… 54

サイン❷ 信頼・服従 ………… 56

サイン❸ 誘い・要求 ………… 58

サイン❹ 自信・優位 ………… 60

サイン❺ 警戒・怒り ………… 62

サイン❻ ストレス …………… 64

サイン❼ 不安・緊張 ………… 66

サイン❽ 恐怖 ………………… 68

コラム 散歩に行けないときは ……………………………… 70

しつけを始めよう…………… 76

しつけ❶ オスワリ …………… 78

しつけ❷ マテ ………………… 79

しつけ❸ フセ ………………… 80

しつけ❹ コイ ………………… 81

しつけ❺ ツケ ………………… 82

しつけ❻ モッテ＆ダセ ……… 83

第3章　犬の問題行動

犬の困った行動には？……… 90
トラブル❶ 吠える …………… 92
トラブル❷ 噛む・うなる ……… 96
トラブル❸ 飛びつく ………… 100
トラブル❹ 散歩 ……………… 102
トラブル❺ 留守番 …………… 106
トラブル❻ トイレ …………… 108
トラブル❼ 他の犬との関係 … 110
トラブル❽ 食事 ……………… 112
コラム 犬も安心家のおそうじグッズ ……………………………… 114
犬の発情期…………………… 120
去勢と避妊…………………… 122
犬の妊娠……………………… 123
コラム 犬同士の関係………… 124

第４章　犬の食事とケア

ドッグフードと水…………… 132
犬に危険な食べ物…………… 134
成長に合わせた食事………… 136
犬の肥満…………………… 138
手作り食の基本……………… 140
レシピ❶ 基本・肥満対策……… 142
レシピ❷ 心臓病予防・解毒…… 144
トッピングの基本…………… 146
トッピング❶ 免疫力・冷え対策… 148
トッピング❷整腸・夏バテ対策… 150
犬のおやつ…………………… 152
コラム そのまま自然派おやつ
………………………………… 154
シャンプー…………………… 160
ブラッシング………………… 162
歯磨きと耳掃除……………… 164
爪切り・その他ケア ………… 166
コラム 犬のマッサージ……… 168

第５章　犬の健康と老後

健康状態のチェック………… 176
こんな症状に注意…………… 178
動物病院での診察…………… 180
犬の老化とサイン…………… 182
老犬介護…………………… 184

人物紹介

のんき

毎日いたずらをしてようことたけしを困らせる柴犬系の雑種。何でも食べる大食漢。隣の家のマリーが大好き。

マリー

吉田老人の飼い犬。純血のマルチーズで、プライドが高い。思わせぶりな態度でのんきを悩ませるが、なかなか心を許さない。

犬飼ようこ (28)

いつも明るくて前向きなママ。テレビとお菓子が大好き。飼い犬・のんきに振り回されながらも、一生懸命にしつけようとする。

犬飼たけし (30)

優しいけど、おっちょこちょいなパパ。最近メタボになりつつある。のんきの反抗的な態度にイライラして怒ってしまうことも。

犬飼あきら (3)

元気いっぱいの長男。のんきのことが大好きで、友達だと思っている。やがて家族のなかでのんきのことを一番理解する存在に。

吉田老人

犬のしつけにやたら詳しい謎の隣人。頑固で偏屈《へんくつ》な変人というウワサだが、実は面倒見のよい老人。近所の犬の情報は何でも知っている。

第1章　犬との出会い

はじめて我が家にやってくるとき

犬は不安な気持ちでいっぱい。

安心感を与えながら人との生活の基本を

教えていきましょう。

のんき6カ月
さあ、ここがあなたのうちよ
ごちゃ…
なんとなく犬コーナー
え ここってどこ?
あはは
ぼくはどこにいればいいの?
ぐるぐる
ぐるぐる
とりあえずおしっこしたいなぁ
キョロキョロ
こらっ
トイレはそこじゃないだろ!
バカー!!
ここでいいや
じょー
そんなこと言われても…どこ?
この子頭が悪いのかしら
そんなぁ~

その後ものんきは
おしっこの失敗を
繰り返す
おしっこ
どこだっけ？
確かここに
あったはず
なんだけど…
あ、あんな
ところだ！
もう
がまん
できない！
あっ
こらっ
ココでしょっ
もぉ〜!!
じょ
そんなことが
繰り返され
半年が過ぎる…
おしっこ
したいなぁ
ちぇっ
トイレシーツなんて
めんどくせぇ
ついでに
うんちも
ぷりっ
のんき不良のはじまり…
こらっー
ふんっ

あ、変人の吉田さん
知らないふりしよ…
コラコラ
ぐいぐいっ
ぐいっ
あ〜
ぐい
ぐいぐいっ
ぐいっ
かわいい〜♡
だいぶ苦労されているようじゃな
スイマセン…
しかし、この子は賢い子じゃぞ
よしよし
賢い？
でも、おしっこももらしまくりで…
かしこい♡
じょ〜
そんなものすぐ治る
本当ですか？
教えてください!!
じょ〜
ビーンッ

数日後
のんき！おしっこできたじゃない！
吉田さんのおかげだ！
てへへ♪
トイレはいつも決まった場所だし
のんきトイレ
いつも清潔だし
じょー
これなら安心だ
あ！お散歩行くの!?
こらーっ
のんき！私の靴ガリガリにしたわねー
ボロッ…
やべっ

犬を飼う前に

ずっと仲良く暮らしていくために

犬を飼うのは楽しいことですが、日々の世話や病気のときの看病、老後の介護も必要になります。

そうしたことを考えたうえで、それでも犬も家族も幸せに暮らせると決断できるならば犬を飼いましょう。

家族の一員として
迎えるんじゃぞ

犬にかかる費用は？

犬種によりますが、食費、医療費、生活用品費など、犬を育てるのには飼い始めに5～6万円、以降毎年10～20万円ほど必要です（犬の購入費を除く）。さらにしつけ教室やペットホテルの費用が必要になることも。家計のチェックも大切です。

生涯でかかる
費用は300～
400万円

犬種を選ぶ

どんな犬を飼うかは、家族構成、家のつくり、現在のライフスタイル、犬とともにどんな暮らしがしたいかなどを考慮して決定しましょう（→P16）。希望の犬種にこだわり過ぎず、他の犬種も候補に加えながら、性格や特徴をよく調べて、家族のライフスタイルに合うかどうかをよく考えてから判断します。

ペットショップの店員や動物病院に相談してみるのもよいでしょう。

家族で話し合おう！

犬を飼うことは「命」を育むこと。衝動買いしてしまう前にしっかりと家族で話し合い、犬を迎えましょう。

家族全員が賛成している？

犬が家族の一員となるには、家族全員でしつけに参加することが大切です。そのためにも家族全員が犬を飼うことに賛成していることが前提です。

基本的な世話はできる？

食事・トイレ・お手入れなどの世話に加え、散歩や運動が犬には欠かせません。そうしたことを日常的にできるかどうか考えてみましょう。

犬が生活するスペースはある？

犬にも一定のプライベートスペースが必要です（→P22）。自宅にそのスペースが確保できるか考えましょう。

子犬と出会う場所

犬の入手先もさまざま。そのメリット・デメリットを確認しましょう。

ペットショップで購入

簡単に子犬を入手できます。清潔な環境で、社会化を考慮し子犬同士で遊ばせる工夫をしている店がよいでしょう。

知人からゆずり受ける

母親や兄弟と育ち社会性が身についている場合がほとんど。母親や兄弟の性格を確認してから判断するとよいでしょう。

ブリーダーから購入

犬に関する知識が深く、さまざまな相談にのってもらえます。希望の犬がいない場合、入手に時間がかかることも。

動物愛護団体からゆずり受ける

サイズや性格がはっきりした成犬を無料でもらえます。ただし、犬側に問題のあることも。保護された経緯を確認して。

こんな犬が欲しい！

さまざまな生活スタイル・住環境にぴったりの犬を選ぶことが、犬との暮らしを成功させる第一歩。あなたにぴったりの犬は？

家族全員でかわいがりたい！ ➡ シーズー

社交性・協調性があって、おとなしくて従順。小さくて扱いやすいのもグッド！子どもからお年寄りまで、家族全員でかわいがることができます。

その他 トイプードル・パピヨン・マルチーズ・ミニチュアダックスフンドなど

ひとり暮らしで留守がち …でも、犬が欲しい！ ➡ パグ

大人しくて忍耐強いパグは、ひとりで留守番するのが得意。また協調性があり、警戒心も薄く、あまり吠えないため、マンションやアパートなどで飼うのにも向いています。

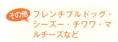

その他 フレンチブルドッグ・シーズー・チワワ・マルチーズなど

犬と一緒に遊びたい！ ➡ ラブラドールレトリバー

人なつっこく、理解力があって訓練しやすい。一緒にスポーツやアウトドアを楽しむことも、仕事を覚えるのも得意。

その他 ゴールデンレトリバー・ボーダーコリー・コーギーなど

かわいいのが大好き！ ➡ トイプードル

見た目がとても愛らしくて甘えん坊。かわいい服を着せたり、毛のカットなども楽しめます。その一方でとても賢くて、しつけやすい。甘やかし過ぎには気をつけて。

その他 マルチーズ・ポメラニアン・パピヨン・ヨークシャーテリアなど

番犬が欲しい！ ➡ 柴犬

警戒心が強く、感覚が鋭い。さらに独立心も強いので、知らない人に対して簡単になつくことはありません。しかし、1度なつけば飼い主にとても忠実な犬に。

その他 その他の日本犬・ビーグル・ジャーマンシェパード・ドーベルマンなど

犬グッズをそろえる

犬を飼う前に必要なものをそろえる

いざ犬を我が家に迎えてから、あれがない、これが必要と慌てて買いに行くことがないように、最低限必要な生活用品をそろえておきましょう。

あっ
ドッグフード
忘れた！
えーっ
NONKI

犬グッズ選びのポイント

次の3つのポイントを押さえましょう。

・犬のサイズに合ったもの
飲み込んでしまわないような大きさのものを。

・衛生的に使えるもの
洗えるものならば、いつでも清潔に使えます。

・丈夫で安全なもの
かじったりしても壊れない丈夫なものを。

おもちゃを選ぶときは

おもちゃは、壊れにくく誤飲などの事故が起きない安全なものを選びましょう。

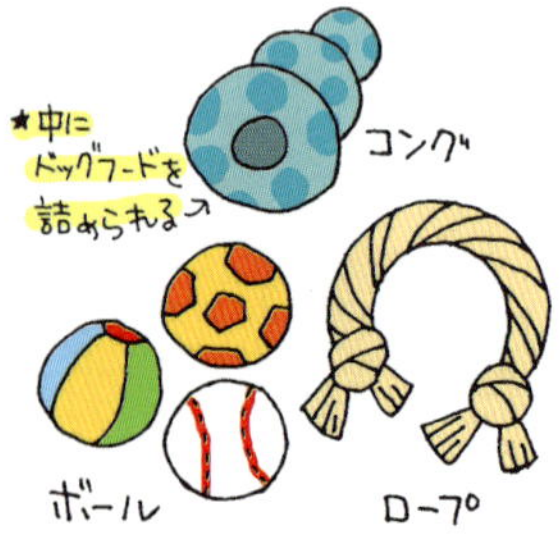
★中に
ドッグフードを
詰められる
コング
ボール
ロープ

そろえておきたい　はじめての犬グッズ

ペットショップの人と相談して、それぞれの犬に合ったサイズを選びましょう。

FOOD
WATER

食器

ごはん用と飲み水用の２つが必要。清潔で、取り扱いが楽なステンレス製、安定感のある陶器製がおすすめ。

じょー

トイレシーツ

主に室内でトイレをするときに使います。犬がしゃがんで、ひとまわりあまるくらいのサイズを。

首輪とリード

散歩に必須の道具。道路への飛び出しを防ぐ命綱にもなります。ナイロンの平織りなどの丈夫な物を。

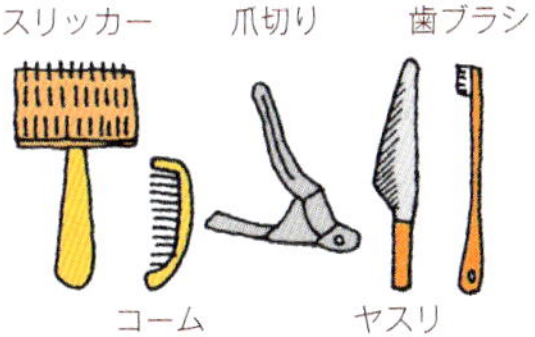
スリッカー
爪切り
歯ブラシ
コーム
ヤスリ

ドッグケアグッズ

犬のお手入れに必要な道具です。（→ P160～）

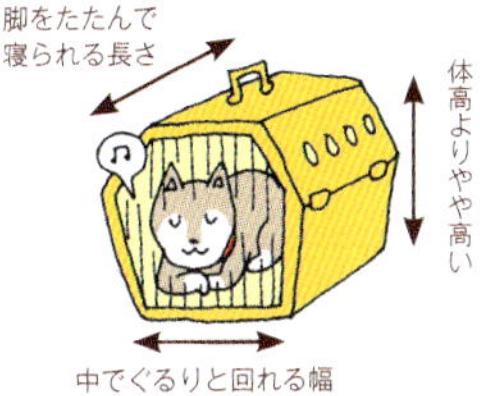
脚をたたんで寝られる長さ
体高よりやや高い
中でぐるりと回れる幅

クレート

持ち運び可能な犬のケースで、普段の寝室兼休憩場所としても最適。犬のサイズに合ったものを。
※体高＝地面から犬の肩までの高さ

サークル

普段の居場所や、トイレ用スペースとして利用します。成長に合わせてサイズが変更できる連結タイプがよいでしょう。犬が飛び越えられない高さのものを選んで。

登録と予防注射

犬の健康のために必ず受けましょう

犬を飼い始めたら、登録と狂犬病の予防注射を済ませましょう。これらは法律上の義務です。

また、狂犬病以外の感染病を防ぐ混合ワクチンの接種も忘れずにしておきます。

注射キライ!!
混合ワクチンは2種～9種までさまざま獣医と相談して決めるんじゃ

登録と狂犬病の予防注射

生後90日以上の犬は、入手後30日以内に市役所か保健所で登録し鑑札を受け取ります。また生後91日以上の犬は年1回、狂犬病の予防接種が義務づけられ、接種後、注射済票を受け取ります。鑑札・注射済票ともに、首輪に常に装着する必要があります。

注射済票
犬鑑札

鑑札・注射済票のデザインは各市町村により異なります。

混合ワクチンの注射

狂犬病以外の感染病を予防する混合ワクチンは、一般に生後45～80日ごろに1回目を、さらにその1ヵ月後、2ヵ月後の計3回接種します（時期や回数は獣医の判断により異なります）。

これは法律的な義務ではありませんが、散歩デビューは2回目もしくは3回目のワクチン接種が終わった後に行うのがマナーです。

その後は基本的に年1度接種します。

しつけのスケジュール

しっかりとしつけて犬との関係を育む

犬が人と一緒に暮らすためには、しつけや訓練が欠かせません。犬を家に迎えたその日からしっかりとしつけていくことで、犬のトラブルを防ぐことができ、快適に暮らしていけます。

ただし、幼犬のころに一気に教えてしまうのではなく、犬の成長や覚えるスピードに合わせて1つずつ丁寧にしつけていきましょう。

しつけのスケジュール

まずはトイレや食事、ハウス（クレート）をしっかりと覚えさせることから始めましょう。

生後		しつけ
2～3カ月	飼い始めてすぐに	・トイレ（→P24） ・食事（→P25） ・クレート（→P24）
	慣れてきたら	・スキンシップ・社会化（→P26） ・お手入れ（→P160～） ・室内で散歩（→P28～29）
4カ月		・乗り物に慣らす（→P30～31） ・留守番（→P30～31） ・だっこでお散歩（→P28～29）
	2～3回目のワクチン接種後	・散歩デビュー（→P28～29）
6カ月	基本のしつけ（→P76～）	オスワリ→マテ→フセ→コイ→ツケ→モッテ＆ダセ

※表の適齢期を過ぎて飼い始めた場合も順にしつけていきましょう。

はじめての我が家

ハウス（居場所）を整え 犬との暮らしを始めよう

サイズなどにもよりますが、犬は屋内で飼うほうがよいでしょう。家族とともに過ごす時間が増え、犬のコミュニケーション能力が高まり、信頼関係も築きやすくなります。クレートなどで犬の居場所となるハウスをつくって迎えましょう。

名前を決めたら、犬が安心して過ごせるように、トイレや食事などのしつけを開始します。

名前を決める

・呼びやすく分かりやすいもの

犬の名前は、人との大切なつながりを生む大きな一歩。呼びやすく、犬も呼ばれたときに分かりやすいものがベストです。

・**名前はいいものと印象づける**

名前を呼んで振り返ったら、ほめたりエサをあげたりして、名前を呼ばれるといいことがあると印象づけましょう。名前を呼んでしかると「名前＝悪いこと」と覚えてしまうので、気をつけましょう。

危険なものを隠す

子犬は何でも口にしてしまいます。犬が噛んだら危ないものは、手の届かないところに置く、カバーをつけるなどの工夫を。

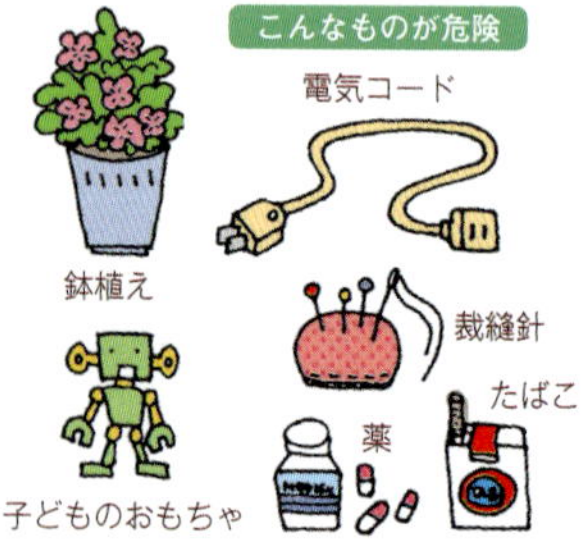
こんなものが危険
電気コード
鉢植え
裁縫針
たばこ
薬
子どものおもちゃ

ハウスを用意しよう（パターンA）

サークルの中にクレート、トイレスペース、食器などを設置します。なわばりを限定して、犬が安心して過ごせるようにします。

注意したいこと

クレートとトイレはできるだけ離すようにしましょう。またトイレシーツはこまめに取り換えて。

ハウスを用意しよう（パターンB）

サークルをトイレ専用にするパターンです。トイレスペースとの区別がつきやすく、トイレを早く覚えます。

注意したいこと

居心地のよいクレートでも入れっぱなしではストレスに。ときどき出すようにしましょう。

トイレシーツの下に防水シートや新聞紙を敷くと安心

はじめてのトイレ

床のにおいをかぎ回ったり、部屋をぐるぐるしだしたら、トイレのサイン。特に起きた後、食事後などがトイレのタイミングです。

❶トイレへ連れていく
サインを見たら、すぐにトイレへ連れていきます。

❷排泄とともに声がけ
そばでワンツーなどとかけ声をかけると、かけ声で排泄するクセがつきます。

❸うまくできたらほめる
うまくできたら、すぐにほめます。おやつを与えるのもOK。

失敗したときにしかると排泄自体が悪いことだと思います。だまって他の部屋へ連れていき、においが残らないようにきれいに拭き取りましょう。

はじめてのクレート

犬の寝室だけでなく、普段の居場所にもなるところです。指示すればいつでも入るようにしつけましょう。

❶エサでクレートに誘う
エサをクレートに何度も投げ入れ犬が自分で入るようにします。

❷出てくる前にエサをつぎこむ
出てこなくなるまで、エサを出入り口や横から入れ続けます。

❸扉を閉める
出てこなくなったら、扉を閉めて、エサを入れます。

クレートの中で過ごすことに慣れたら、クレートに入れるときに「ハウス」と声がけし、最後は指示だけでクレートに入るようにします。

はじめての食事

子犬のうちは、１日に必要な量を３回ぐらいに分けて与えます。可能ならば、入手先からエサの種類や量を事前に聞くとよいでしょう。

❶エサを与える
エサに興奮するようなら、落ち着くまで待ってから与えます。

❷様子を見る
食べ出す気配がなくても 20 分ほど静かに待ちましょう。

❸片づける
食べ終えたらすぐに片づけます。食べないときも、１度片づけて。

よしっ
静かにすると
エサが
もらえるのよ！
I ♥ DOG

基本的に家族が先に食事をして、その後で与えるようにします。家族がリーダーシップを持っていることを示すためです。

屋外で飼うときは

・人通りの少ない静かな場所に

人通りの多い場所は、犬が警戒心を常に働かせてしまうためストレスに。人通りの少ない静かな場所にサークルを設置し、その中に寝室となるクレートなどを入れましょう。

・直射日光を避ける

犬は暑さが苦手。屋外で飼うときは日差しよけを設けるなど、直射日光が当たらないように工夫してあげましょう。

寝るときは

・サークルやクレートで

寝るときは、部屋を暗くしてクレートの中で。可能ならば家族の寝室にクレートを移動するとよいでしょう。夜鳴きしても静かになるまで無視すれば、数日中に鳴かなくなります。なだめると習慣になるので注意。

スキンシップを大切に

犬とのふれあいが信頼関係をつくる

犬は信頼している相手にしか、自由に体をさわらせません。子犬のころからスキンシップを繰り返すことで「人にさわってもらうこと＝気持ちのいいこと」と感じるようになり、人との信頼関係も深まります。飼い主以外のいろいろな人ともふれあうことで人慣れした落ち着きのある子に育ち、ボディケアや病院での診察もスムーズに済ませられるようになります。

犬の社会化って？

スキンシップをはじめとして、たくさんの人、動物、音、物に慣らして、さまざまな経験をさせることを犬の社会化といいます。社会化を怠ると、人や他の犬を怖がったり攻撃したりとトラブルを起こしやすくなります。

アイコンタクトが大切

スキンシップとともにアイコンタクトを大切にしましょう。そうすることで、飼い主の意志を積極的に読み取ろうとする賢い犬に育ち、しつけにも役立ちます。呼んだときに目を合わせたら、ほめたりエサをあげたりして、訓練しましょう。

スキンシップのポイント

いきなりさわりだすと犬はびっくりしてしまいます。最初は自分の手の甲などのにおいをかがせ、落ち着いてきたら、そっとなで始めましょう。

ボディタッチ

首～背中
毛並みにそってなでたり、指先で軽くかいたりします。

首～胸
首から胸にかけて優しくなでます。

おしり～しっぽ
肛門の周りは優しく円を描くように、しっぽは軽くつかんでさすります。

おなか
後ろから優しくだっこして、少しずつなでます。デリケートな場所なので、犬の様子を見ながら嫌がらない程度に。

脚～爪
付け根から脚先をなでます。慣れてきたら脚先をそっとつかみ、指の間、肉球、爪もさわります。

フェイスタッチ

顔全体から目
眉間から額、目の周りの順で優しくなでます。慣れてきたら上下のまぶたを広げて。

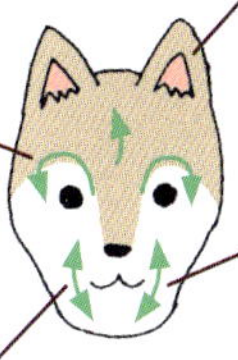

耳
最初は耳の周りをなでます。その後、耳たぶの外側をなで、慣れたら、内側を優しくさわりましょう。

口の中
くちびる（黒い部分）から徐々に歯ぐきや歯をさわります。

鼻先～口周り
鼻の周りから徐々に鼻そのものへ。口の周りはそっとつかむように。
※成犬の場合、プロのトレーナーの指導のもとでさわりましょう。

犬の視界に自分の姿が入るように前や横につき、声をかけながらさわります。姿が見えないところからさわると犬は驚き、怖がるので注意しましょう。

散歩に出かけよう

散歩に慣らすことが社会化につながる

子犬にとってはじめての散歩はとても緊張するもの。無理せずに、ゆっくり外の環境に慣らしてあげましょう。

早いうちから外の環境に慣らせば、社会化が進み、どんな環境でも自信と余裕のある犬に育っていきます。

首輪とリードに慣らす

いきなり首輪やリードをつけると犬が嫌がることも。事前に家の中で慣らしておきましょう。首輪は指が2本入るぐらいの余裕を持たせ、リードが他のものにからまる事故が起きないようそばについていましょう。

リードは輪を右手に通して左手で添えるとよいぞ

散歩の前に

・トイレを終えてから

トイレはできるだけ家で済ませ、ご近所の玄関などで、おしっこさせないようにしましょう。

・袋と水を持つ

うんちやおしっこの処理ができるように、袋や水などを忘れずに持っていきます。

・鑑札・注射済票をつける

迷子になったときのために、鑑札・注射済票を忘れずに首輪につけます（→P20）。

お散歩デビューまでの道のり

散歩は2～3回目のワクチン接種の前でも、だっこするかキャリーバッグに入れて行けば大丈夫。早いうちから慣らしていきましょう。

❶家の中でリードをつけて練習

首輪やリードに慣れたら、リードを持って家の中を散歩します。「ツケ」などと声をかけ、一緒に歩けたらほめてあげましょう。

車や大きな音にも少しずつ慣らしていきましょう

❷最初はだっこから

最初はだっこやキャリーバッグに入れて外に慣らします。慣れたら、地面に下ろして人通りの少ない静かな場所を歩かせます。

❸少しずつ距離を伸ばす

少しずつ距離を伸ばしながら、「ツケ」などのかけ声に合わせて、一緒に歩けるようにします。犬が早く歩いたら、リードをちょんと軽く引いて知らせます。

他の人や犬に会うなどして慣らしましょう。他の犬に近づくときは飼い主の許可を得て、一緒にそばにいてもらうようにします。

留守番とお出かけ

留守番もお出かけも少しずつ慣らす

　長時間の留守番をいきなりさせるのは、犬にとって大きなストレスになります。徐々に慣らしていくようにしましょう。

　また、はじめて車に乗せるとき、病院など犬が嫌がるところに連れていくと、「車＝嫌なもの」という印象に。最初は、公園など犬が楽しいところに連れていくとドライブ好きになり、車内でもおとなしく過ごせるようになります。

留守番のときの注意

・だまって出かける
　留守番させる前に「バイバイ」「いい子にしててね」などと話しかけると、余計に犬を不安にさせ、ひとりになったときのさびしさを強めることに。静かにだまって出かけましょう。

・おもちゃを用意する
　中におやつなどを入れられるおもちゃなど、長時間ひとりで遊べるものを用意しておけば、犬はさびしさや不安をまぎらわせることができます。

車に乗せるときの注意

・クレートに入れる
　乗車中、犬が自由にしていると事故につながることも。車でお出かけするときは、クレートやキャリーバッグに入れるなどして事故防止につとめましょう。

・置き去りにしない
　犬は熱に弱い動物です。窓を閉めきったまま、車内において離れると熱射病になることも。必ず誰かついているようにしましょう。乗車中も暑ければ窓を開けて快適に過ごせるように。

留守番に慣れさせる

犬は群れで暮らす習性から、ひとりきりが大の苦手。不安をやわらげる工夫をしてひとりでいることに少しずつ慣らすことが大切です。

❶おもちゃを用意する

長時間ひとりで遊べるおもちゃを用意し、犬と一緒にクレートに入れます。

❷別の部屋に行く

犬がおもちゃに集中している間に、別の部屋に1分ほど行って戻ります。

❸時間を長くする

少しずつ時間を長くして、ひとりでいることに慣らしていきます。

車に慣れさせる

犬が車の振動やエンジン音を怖がることはめずらしくありません。トラウマにならないように、ゆっくりと慣らしていきます。

❶車に慣らす

最初はエンジンをかけずに、だっこして車に乗せます。慣れたらクレートに入れ、後部座席や足元に置きます。

❷エンジンをかける

車に慣れたら、エンジンをかけます。飼い主が隣にいて安心させましょう。

❸車を走らせる

車を走らせ、近くに止めて、外で遊びます。その後少しずつ距離を伸ばします。

第2章　犬との生活

犬は自分の気持ちを

行動やボディランゲージに必ず表しています。

それらをしっかりと理解すれば

犬との生活はもっと楽しくなります。

つかれた
…
ホラ あきこら お風呂入るわよっ
おかえり
バタ
バタ
バタ
あっ いってーなぁ! コラ! のんき!
ハグ ハグ ハグ
ハアーア
おいっ!! 聞いてるのか!
キーッ
聞いてるってば!
……
う~む 行かねばならん

しかっちゃいかーん!!
ガラッ
子犬が甘噛みするのは遊んでほしい気持ちの表れじゃ
そうなの？
ぶんぶん♪
いてっ
かぷ
そっか…でも遊びたいんだな
あはは～いた～い
かぷかぷ
じゃが癖がつくのはいかんぞ！
あくまでもサインじゃ
かぷかぷ
やりすぎよ
噛まれたら遊ぶのをやめて無視じゃ
プイッ
プイッ
そうなんですか！
かぷかぷ

ところで あくびも しかっちゃいかん
あふ…
でも なめられてる みたいで…
あくびは 緊張を解こうとする サインじゃ
コラ！
ドキドキドキドキ
えっ？
しかると あくびしやすい
のんき ダメだろ!! やめなさいっ!!
こいつー
ドキドキ
あふ…
ふぅー
そっか
のんき ごめんね
ほかにも犬は いろんなサインを 出しておる
そうなの？
わたしも ききたい
おなかを見せて 寝転ぶのは 服従のサイン
よーし よしよし
DOG
見たことない！

人の上に乗りかかるのは…
こらこら//
のんき たおれるよぉ あはは…!
よくやるわ!
コーゆーの コーゆーの
自分の立場が上だと思っているんじゃ
フン
王様
格下
…
サインを見極めてしつけていくことが大切じゃぞ
分かりました!
後日…
こら!!
たばこ吸ったな!
証拠はあがってる!!
もうしません…
ね 服従のサイン…
ころん
わーい
…

2 犬との生活

犬の5つの性格

犬をよく観察し性格や気持ちをつかむ

犬によって性格は異なりますが、5つのタイプに大きく分けることができます。

　それぞれのタイプに応じた接し方を心掛け、犬の気持ちを示すサインに気づけるようになると、より親密なコミュニケーションが取れます。

じーっ
な、なんだよ

性格を知るポイント

・散歩のとき
散歩のとき、他の人や犬に対し、喜んだり、おびえたり、吠えたりなど、どんな反応をするか観察しましょう。

・相手にできないとき
犬の相手ができないときに、おとなしくできるか、いたずらするかなどで性格が分かります。

・遊ぶとき
節度を守って遊べるか、興奮し過ぎていないかをチェックしてみましょう。

長所を伸ばすしつけ

犬の性格にも長所と短所とがあります。犬を飼っていると問題行動をともなう短所に注目しがちですが、例えば興奮しやすいという欠点も、エネルギッシュで積極的な長所と見ることもできます。長所に注目してそれを伸ばすしつけを心掛けましょう。

長所を
たくさん
見つけてね

犬の性格 ～５つのタイプ～

自分の犬がどのタイプに当てはまるか、次ページからのチェックリストで診断してみましょう。

❶恥ずかしがり屋（→ P40）

家の中ではとてもいい子。しかし、知らない人や他の犬を怖がって隠れてしまったり、逆に吠えたり噛みついたりすることも。

❷わがまま（→ P42）

自分の思いのままに行動するタイプ。独立心が強いのが長所ですが、自分の思い通りにいかないときは、吠えたり噛んだりするなど反抗的になります。

❸うれしがり屋（→ P44）

人や他の犬と遊ぶことが大好き。しかし、その喜びを抑えきれず、興奮してしまうこともあり、飛びつきなどの問題行動につながる場合も。

❹いたずらっ子（→ P46）

好奇心が強く、チャレンジ精神が旺盛です。その分、じっとしていることが苦手で、いたずらをしてしまうこともしばしば。

❺甘えんぼ（→ P48）

甘え上手で、飼い主のハートをしっかりととらえます。しかし、飼い主が注目していないと嫉妬などから問題行動を起こしてしまいます。

性格❶ 恥ずかしがり屋

他の人や犬が苦手 ゆっくり外に慣らして

家ではおとなしくていい子なのに、知らない人や犬に出会うと、怖がったり、吠えついたりと、過剰に反応してしまう…。そんな犬は社会化がうまくできていないために、人や音を必要以上に怖がる恥ずかしがり屋。

犬がリラックスして、安心できる状態で、少しずつ外の世界に慣らしていくようにしましょう。

恥ずかしがり屋度チェック

※2つ以上当てはまれば、このタイプ

□あまり外に出たがらない。何かにおびえて立ち止まることが多い。

□知らない人が近づくと隠れようとする。またはうなったりして攻撃的になる。

□他の犬から隠れようとする。立ち止まって動かない。

□家の中に知らない人がいると、食欲がなくなる。

恥ずかしがり屋さんへの接し方

新しい状況をどんどん体験させることで、落ち着きが出るようになります。無理強いは禁物ですが、少しずつ苦手なことに慣らしましょう。

ごほうびで散歩好きに

散歩に出かける前、途中、帰ったとき、それぞれのタイミングでおやつをあげるなど、お出かけが好きになる工夫を。

人に慣らす

知人に協力してもらい、①知人が家に来たタイミングで犬に大好きなおやつをあげ、②慣れたら知人から直接おやつをもらう、の2ステップを繰り返しましょう。

他の犬に慣らす

おとなしい犬の飼い主に協力してもらい、①だっこしたまま遠くから見せる、②犬を下ろす、③徐々に近づけるの順で他の犬に慣らします。相手の犬にオスワリしてもらうと、恐怖心がやわらぎます。

最初はTVなどで
他の犬を見せるだけでもOK

性格❷ わがまま

自分勝手な行動には リーダーシップを示す

家族の言うことを聞かず、自分の思いのままに行動し、意志が通らないと反抗的になります。そのまま好きなようにさせていると、人と犬との上下関係が逆転してしまうことも。

しかし飼い主がしっかりとリーダーシップを持てば、強い忠誠心を示すようになります。また独立心が高いので、きちんとした信頼関係ができれば、頼りになる素晴らしい犬になります。

わがまま度チェック

※2つ以上当てはまれば、このタイプ

□散歩は自分勝手に行きたい方向へ引っ張る。思い通りにいかないと座り込んでしまう。

□自分やおもちゃ、居場所を守る意識が強く、さわったりおもちゃを取ったりすると吠えたりする。

□リードを外すと、走り出し、呼んでも戻ってこない。

□しかると、吠えたり噛んだりして、反抗的になる。

わがままさんへの接し方

飼い主がリーダーシップを示し、信頼関係を築くことで、頼りがいのある犬に変わります。犬の言いなりにならないことが大切です。

堂々とした態度で

機嫌を伺うような態度は、犬をつけあがらせてしまいます。いつも冷静に、かつ堂々とした態度で接するようにしましょう。

要求は徹底的に無視して

何かを要求して吠えても徹底的に無視し、主導権が飼い主にあることを示します。ただし、よい行動はしっかりとほめてあげましょう。

基本のしつけをしっかり

「マテ」「フセ」などの基本のしつけ（→P76～）をしっかりと練習して、飼い主のリーダーシップを犬に徹底します。

運動・遊びをたっぷりと

飼い主のリーダーシップのもとでの運動や遊びは、犬の本能を上手に発揮させることができます。満足感から飼い主に対して従順になります。

あまりに攻撃的なときはプロのトレーナーに相談しましょう。

性格❸ うれしがり屋

遊びたい気持ちいっぱい 興奮し過ぎに注意

知らない人や犬に対しても友好的で、積極的に行動するタイプ。いつもエネルギッシュに遊び相手を求めます。

その分、喜びや興奮のあまり、人に飛びつくなどの問題行動を起こすこともあります。

うれしがり屋度チェック

※2つ以上当てはまれば、このタイプ

□知らない人に出会うと、飛びついて甘えようとする。

□遊びに夢中になると、興奮して言うことを聞かなくなる。手を噛んでしまうことも。

□他の犬に出会うと、うれしそうに近寄って、遊ぼうとする。

□相手をしてやらないと、まとわりついてきたり、いたずらをして気を引こうとする。

うれしがり屋さんへの接し方

人なつっこく友好的なだけに無視されるのが苦手。問題行動には、そこをうまく利用すると効果的です。

飛びつきグセをやめさせる

人に飛びつきそうになったら、オスワリをさせます。オスワリするまでは無視して、落ち着いたらおやつをあげてほめましょう。

興奮したら落ち着かせる

オスワリやフセをさせて、落ち着かせるようにします。手を噛んだりしたときは、必ず無視。室内の場合は、犬を残して部屋から出ていくのもよいでしょう。

しっかりほめる

ほめることでどんどん伸びるタイプなので、そこを生かしてしつけやトレーニングをするとうまくいきます。ただし、オーバーにほめると興奮してしまうので注意。

性格❹ いたずらっ子

好奇心旺盛で遊び好き いたずら・ストレスに注意

好奇心が強く何にでも興味を持つタイプ。新しいことにチャレンジするのが大好き。家の中でじっとしているのが苦手で、落ち着きがありません。好奇心とエネルギーが発散できず、いたずらしたりストレスをためたりすることも。

たくさん遊んでうまくエネルギーを発散させると同時に、落ち着いて過ごす習慣を身につけさせましょう。

いたずらっ子度チェック

□散歩中、自転車や車などを見つけると、すぐに追いかけて走りだそうとする。

□家の中にいても、落ち着きなく歩き回ることが多い。

□人が見ていないところでは、すぐにいたずらしてしまう。

□散歩のとき、ドアを開けると待っていたかのように外に飛び出してしまう。

※2つ以上当てはまれば、このタイプ

いたずらっ子さんへの接し方

怖がることを知らない分、危険なことにあう可能性も。しっかり運動させることで、エネルギーを抑えましょう。

たくさん遊んでエネルギーを発散

ボール遊びなど運動量の多い遊びを取り入れ、ストレスを減らしましょう。飼い主とのコミュニケーションも深まります。

犬が興奮しているときは落ち着かせてから遊ぶようにします。

マテで落ち着かせる

マテを徹底的にトレーニング（→ P79）。飛び出しそうになったら、必ずマテをさせて飛び出しを防止します。

部屋ではクレートに

クレートトレーニング（→ P24）を行い、室内ではできるだけクレートの中で過ごさせます。部屋は遊んだりいたずらしたりするところではなく、落ち着いて過ごす場所だということを分からせます。

性格⑤ 甘えんぼ

嫉妬心が強まると問題行動を起こすことも

家族だけ、または家族の特定の人にだけ、べったり甘えています。常に自分に愛情を注いでもらいたい、自分が中心でいたいという気持ちが強く、好きな人の前ではいい子ですが、注目されていないと嫉妬心などから問題行動を起こすことも。

甘やかし過ぎないようにし、ひとりでいる時間や他の人と接する時間を増やしていきましょう。

甘えんぼ度チェック

※2つ以上当てはまれば、このタイプ

- □だっこされているときに他の人が近づくと噛もうとする。
- □ドッグパークなどでリードを外しても、飼い主のそばを離れようとしない。
- □散歩のとき、自分で歩こうとせずに、だっこを要求する。
- □家の中でも特定の人の後をずっとついて回り、離れようとしない。

甘えんぼさんへの接し方

かわいいからと甘やかしていると、ますますべったりと依存してしまいます。適度な距離を保ちながら接することが大切。

愛情を示すときも主導権を持つ

犬の要求に応えて相手をしないようにし、かわいがるタイミングを飼い主が決めます。またオーバーな愛情表現は、依存心を高めたり、興奮させたりするので避けます。

嫉妬心には応じない

だっこしているときに他の人に対して攻撃的になったら、だっこをやめます。他の人を受け入れなければ、自分に愛情を注いでもらえないことを分からせます。受け入れたらごほうびを。

だっこしているときに怒ったら…

だまってだっこをやめる

独立心を養う

家族が家にいるときも、クレートなどで過ごす時間を少しずつ増やして、ひとりでいることに慣れさせます。

ぐるぐるぐる
ママ見て！自分のしっぽ追いかけてる！
おもしろいよー!!
ぐるぐる
ホントおもしろ～い
やっぱりバカだなぁのんき
動画パパに送ろう♪
ぐるぐる
くくく♪
ちがうよぉ
10分後
まだやってる…大丈夫かしら
おかしくなっちゃったの？
ぐるぐる
のんき…
吉田のおじいちゃんに聞いてくるわ
ぐるぐる

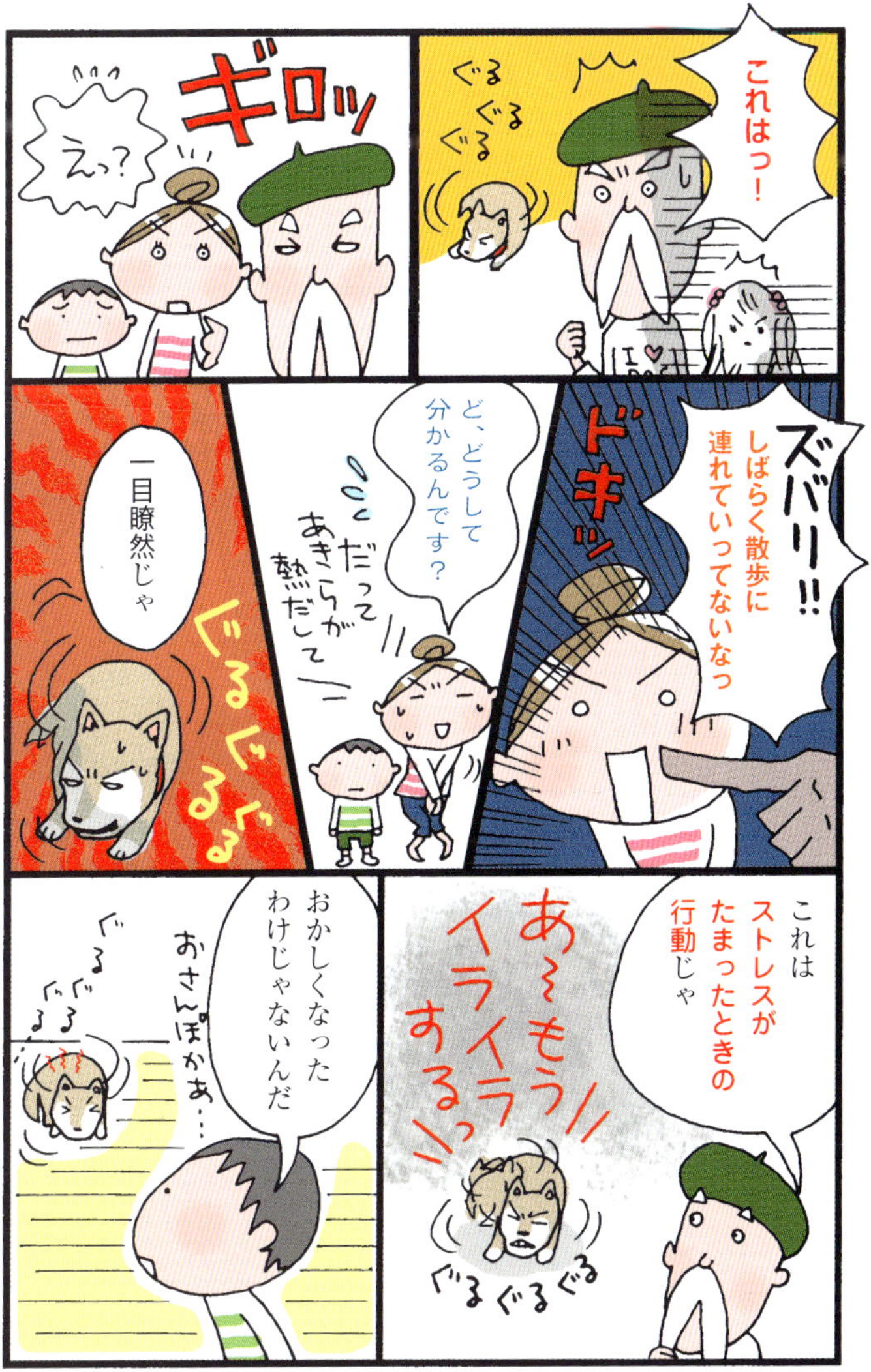

これはっ!
ぐるぐるぐる
えっ?
ギロッ
ズバリ!!
しばらく散歩に連れていってないなっ
ドキッ
ど、どうして分かるんです?
だってあきらが熱だして
一目瞭然じゃ
ぐるぐるぐる
これはストレスがたまったときの行動じゃ
あ〜もうイライラするっ
ぐるぐるぐる
おかしくなったわけじゃないんだ
おさんぽかあ…
ぐるぐるぐる

まだ犬の気持ちが分からんようじゃな
よしよし
・・・・
犬の行動には必ず理由があるんじゃ
なあ？
そう！そう！
しつこく何かを繰り返すのは…
ペロペロ
ペロペロ
うう
うううううう
ストレスの場合が多いぞ
イライライライラ
分かった？
ごめんねー
のんきごめんね
ところで散歩に行けないときは…
ザー

スキンシップを増やす
それそれー
キャッキャッ
引っ張りっこをする
おーっ
ぐいっ
ただし興奮しやすい犬には不向きじゃ
そうすることでストレスが減るぞ
へぇー
後日…
ぴょんぴょん
…
何しているのかしら?
ぴょんぴょんっ
またストレスか?
散歩には行っているけど…
そーりゃそーりゃ
ぴょんぴょん
マリーちゃーん
…

2
犬との生活

サイン❶ 喜び

強すぎる喜びに注意
興奮をセーブしてあげる

犬の喜ぶ姿は、飼い主にとっても嬉しいものです。どんなことをすると犬が喜ぶかをよく観察して、上手に喜ばせてあげることができれば、信頼関係が強まります。

ただし、激しい喜びは過度の興奮をともない、飛びつきやうれションなどの問題行動につながります。

飼い主が、喜ぶ感情をうまくコントロールして、興奮をセーブしてあげることも大切です。

喜びのサイン<行動>

飛びつき

嬉しくて飼い主に飛びついてきます。それを許していると誰にでも飛びつくことに。背中を向けて無視することで「かまってもらえなくなる」と思わせましょう。

飛びつきがエスカレートするとリーダー化につながることも。

うれション

飼い主が帰宅した喜びでおしっこをもらしてしまうことも。クセになっているようなら、帰宅時には無視して、さりげなく帰るようにします。

喜びのサイン<ボディランゲージ>

しっぽを振る

嬉しいときは根元からしっぽを振ります。興奮度が上がるほど、しっぽの位置は高くなり、さらに激しく振ります。喜びではなく警戒心を表すときもあるので、表情などからの判断も必要。

口元がゆるむ

口元がゆるみ、口角が上がります。犬によっては、本当に笑っているような表情になることも。

耳の動き

興奮度が高いときはピンと立ったようになります。甘えの気持ちも含むときは後ろに寝ています。

喜びのサイン<鳴き声>

ワン！と一声

ワンと一声鳴くときは、嬉しいとき。数回続くと、興奮度が高い証拠です。

サイン❷ 信頼・服従

自発的な信頼のサインは人との良好な関係を示す

飼い主のことを信頼している犬は、自ら進んで信頼・服従のサインを出すようになります。こうしたサインがあるなら、ひとまずは犬との関係はうまくいっていると安心してよいでしょう。

しかし、服従のポーズを見せれば、ごほうびをもらえると覚えて、服従のフリをすることもあります。その場合は、ごほうびなしでも、フセなどができるようにしつけましょう。

信頼・服従のサイン＜行動＞

飼い主の口をなめる

子犬のころ母犬にエサをねだった仕草の名残り。相手に対する信頼や服従を表します。また相手をなだめるという意味も持ちます。

片方の脚を上げる

マテをさせたときに、片方の前脚を上げて動かなくなるのは、自分の気持ちを抑えながら飼い主の指示に従っている表れです。

信頼・服従のサイン<ボディランゲージ>

仰向けになっておなかを見せる

おなかを見せるのは、攻撃の意志がなく、相手への信頼・服従を表します。そっぽを向いてしっぽをおしりに挟むときは、恐怖に近い服従です。

伏せる

自分から体を伏せるときも、相手に服従する意志を示します。体を丸めて自分を小さく見せようとするときはより強い服従を表します。

体を横に向ける

人に対し体を横に向けたり、カーブを描きながら相手に近づくのも敵意がないことを示します。

視線をそらす

視線をそらすのも、敵意がないことを表します。

サイン❸ 誘い・要求

犬が要求しても必ず応える必要はない

犬は自分の要求を伝えるため、さまざまなサインを飼い主に示します。そうしたサインを見逃さずに、犬の気持ちを理解することは大切ですが、それに応えるかどうかは飼い主次第。いつも要求に応えていては、犬が主導権を持つことになり、人間との上下関係が逆転してしまいます。

主導権は飼い主にあることをはっきりさせ、適切なタイミングで犬のニーズを満たすようにしましょう。

誘い・要求のサイン<行動>

おしりを上げてしっぽを振る

前脚を伸ばし、頭を低くしておしりを上げ、しっぽを大きく振っているときは遊びに誘っています。目は見開き興奮ぎみになります。

両脚を飼い主にかける

立ち上がって、両脚を飼い主の足などにかけてくるときは何かを要求しています。片脚だけのときもあります。

誘い・要求のサイン＜ボディランゲージ＞

穏やかな視線で見つめる

穏やかな視線で相手を見つめるのは、飼い主にかまってもらいたいとき。遊んでほしいおもちゃをくわえたりして、具体的に要求することも。

鼻先で飼い主をつつく

鼻先で飼い主をつつくのも、相手をしてほしい気持ちの表れです。

誘い・要求のサイン＜鳴き声＞

クーン、クーンと高く鳴く

クーン、クーンという鳴き声は、甘えて、相手をしてほしいときです。短く吠えることもあります。

サイン❹ 自信・優位

自信・優位のサインは気をつけたい危険信号

それぞれの性格にもよりますが、群れの中でできるだけ上位に立とうとするのが犬の基本的な本能です。人と暮らす犬も、その点では同じです。

家族に対して優位を示すサインを見せたときは、要注意。上下関係が逆転している恐れがあります。飼い主側にリーダーシップがあることをしっかりと示し、そのうえで犬との信頼関係を築くようにしましょう。

自信・優位のサイン＜行動＞

人の行動を邪魔する

自分の優位を示すために、人の行く手をふさいだり、その人を噛んだりすることがあります。飼い主がリーダーシップをとり戻すことが大切です。

マウンティング

人の足などに乗りかかって腰を振るマウンティングは、発情したときや、自分の優位を示すために行われます。去勢手術である程度抑えられます。

自信・優位のサイン＜ボディランゲージ＞

人の上に体をのせる

座っているときに前脚など体の一部を人の上にのせるのは自分の優位を主張しています。

しっぽを高く上げる

しっぽを高く上げるのは、自信のある証拠です。

耳を立てる

耳を垂直にまっすぐ立てているときは、自信・威嚇《いかく》を表します。

視線を合わせる

見開いた目でまっすぐ視線を合わせるのは、相手に対し優位にいると感じているから。攻撃することもあるので注意。優しく見つめるのは親愛のサインです。

自信・優位のサイン＜鳴き声＞

注意・指示にうなる

飼い主の注意や指示に対してうなるのは、自分の優位を示そうとしているときです。

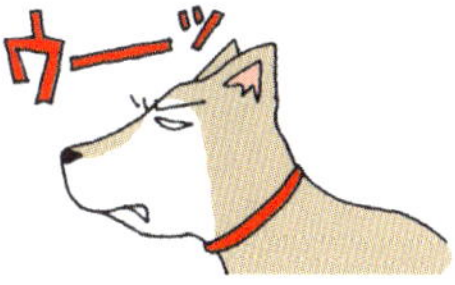

サイン❺ 警戒・怒り

過度の警戒心はマイナス リラックスできる環境を

警戒心は基本的な本能であり、適度に持つことは犬にとって大切なことです。

しかし、常に警戒心を持たなくてはならない環境にいると、ストレスがたまり攻撃的になってしまいます。警戒や怒りのサインを何度も見せるようなら、ゆったりと過ごせる環境に変えてみましょう。

また社会化が未熟な場合も過剰な警戒心を持つことがあります。その際は社会化のしつけを再度やり直しましょう。

警戒・怒りのサイン＜行動＞

においをかぐ

においをかぐのは、相手を警戒し、調査するためです。あいさつに近く、じっとしていれば何ともありませんが、へたになでようとすると噛みつかれることも。

周りをぐるぐる回る

人の周りを落ち着いた様子で回るのは、相手に対する警戒心の表れ。攻撃することもあるので、クレートに入れるようにしましょう。

警戒・怒りのサイン＜ボディランゲージ＞

眉間や鼻面にしわを寄せる
眉間や鼻面にしわを寄せて鋭い顔つきになっているのは怒りの表情です。

毛を逆立てる
怒りを感じ、攻撃的なときは全身の毛が逆立ちます。

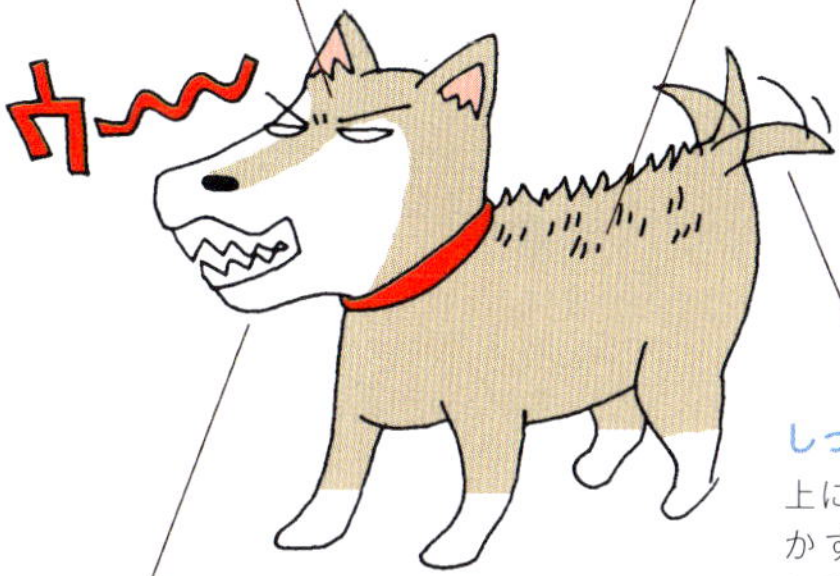

しっぽを振る
上に向け小刻みに動かすのは警戒しているとき。ゆっくりと左右に動かすときは攻撃の機会をうかがっているときです。

歯をむき出す
唇を横に引いて、歯をむき出しにします。

警戒・怒りのサイン＜鳴き声＞

連続して吠える
大きな声で何度も連続して吠えるのは警戒しているとき。

うなる
濁った低い声でうなるのは、怒っているときです。

サイン❻ ストレス

ストレスに気づいたら早めにケアを

犬にとっても、ストレスは心と体の不調の原因となります。ストレスを感じた犬は、同じ行動をずっと繰り返す常同行動をとったり、さまざまな破壊行動を起こしたり、体調を崩したりします。

犬がストレスをためやすいのは運動不足や長時間留守番させたとき。ストレスのサインに気がついたら、早めに原因を探って、ストレスを緩和してあげましょう。

ストレスのサイン＜行動❶＞

しっぽを追う

自分のしっぽを追いかけて何度もぐるぐる回る。

のんきったら
しつこいん
だから！

前脚をなめ続ける

前脚など体の一部をなめ続けるのは、ストレスを抱えている証拠。

マリーが
相手にして
くれないよぉ
ペロペロ

ストレスのサイン＜行動❷＞

部屋の同じ場所を行き来する

部屋の同じ場所を、用もないのに何度も行き来するのは、不安からくるストレスの表れ。

前脚で顔をかく

前脚で顔をかくような動作は、不満・ストレスを感じています。

後ろ脚で顔をかくのは満足や嬉しさの表れ。

物を壊す

ストレスが原因で、留守番のときなどに物を壊したり、紙をビリビリと破いたりする場合があります。

サイン❼ 不安・緊張

カーミングシグナルは不安と緊張のサイン

　犬は、飼い主にしかられたりして不安・緊張を感じると、その不安や相手の怒りをやわらげようと、さまざまなサインを出します。これをカーミングシグナルといいます。シグナルを出した犬に、他の犬が攻撃をしかけることはありません。

　カーミングシグナルに気がついたら、指示や注意をやめるなど、いったん不安・緊張から解放して、リラックスさせるようにしましょう。

不安・緊張のサイン＜行動＞

あくびをする

眠いときだけでなく、相手の怒りをなだめ、緊張をやわらげるためにあくびをすることがあります。

後ろを向いて座る

後ろを向いて座るときも、相手との緊張をやわらげようとしています。

不安・緊張のサイン＜ボディランゲージ＞

鼻をなめる

緊張すると鼻をなめて自分を落ち着かせようとします。

しっぽがたれる

しっぽがだらんとたれ下がり、姿勢を低くしているときは、緊張と不安を感じています。

耳を斜め後ろに倒す

緊張すると耳を斜め後ろに倒します。緊張が高まると完全に寝てしまいます。

背中を丸める

どうすればよいか分からない不安や困惑を感じるときは、頭を下げ背中を丸めて座ります。

サイン❽ 恐怖

恐怖心は時間をかけて少しずつやわらげる

車、音、水、人……など犬が恐怖を感じる対象はさまざまです。強い恐怖感は、克服するのが難しいうえ、攻撃的になる場合もあります。

恐怖を克服させることは大切ですが、無理に克服させようとすると、ますます怖がってしまうことにもなりかねません。あせらずゆっくりと、犬の様子を見ながら、外の環境や人に慣らしていくようにしましょう。

恐怖のサイン＜行動＞

吠えながら後ずさる

恐怖を感じるとともに反撃の機会をうかがっています。恐怖が高まるほどに吠える声が高くなります。

狭いところに逃げ込む

恐怖を感じると、狭いところや部屋の隅などに逃げ込みます。

恐怖のサイン＜ボディランゲージ＞

体を低くして震わせる

体勢を低くして、体を小さく
見せブルブルと震えます。

脚がちぢむ

脚はちぢこまり、場合に
よっては後ずさりします。

しっぽを股に挟む

しっぽは股の間に挟みます。

耳を寝かせる

横または後ろに完全に寝てしまいます。

目を伏せる

目を伏せて、半開き
になります。

口が半開きになる

口は半開きで、力が抜けています。

散歩に行けないときは

雨で散歩ができないからといって、運動させずに放っておくと犬はどんどんストレスをためこんでしまいます。室内でもできる遊びやスキンシップで、上手にストレス発散を。

スキンシップ

じっくり時間をかけてなでて、スキンシップを深めましょう。犬も落ち着いてゆったりした気分になります。

引っ張りっこ

短いロープを引っ張り合います。毎回犬に勝たせると自分が優位だと思ってしまうため、何回かは飼い主が勝つように。興奮し過ぎの場合は、いったんやめて落ち着かせましょう。

ボール遊び

部屋の中で変則的に弾むボールを軽く投げて、持ってこさせます。

宝探し

犬の好きなおもちゃやおやつを隠して探させます。最初は見えるところにおいて、徐々に難易度を上げていきます。

かくれんぼ

犬にマテをかけておいて、隠れて呼びます。上手に見つけたら、たくさんほめてあげましょう。

のんきー！
おすわりっ
ほら
おーすーわーりっ
おすわりっ
……
ちゃんとオスワリして！
こいつはっ
ウー
なんだよ！いたいよ
グい
オスワリもできないの？
やっぱりおバカ
ほんとにもうっ
ふんっ
もりもりっ
あっコラーっ
ピュー

それではダメじゃ
ぬっ
吉田さん！
見ていなさい
スイッ
オスワリ！
スイッ
フセ！
スイッ
おおーっ!! マリーちゃんスゴイ!!
こんなのカンタンよ
やりかたしだいで のんきにもできる
……
コイツにて．

オスワリ
ホレ
のんきのスキな
おかしじゃ
ん？
ホレホレ
ストン
ちょうだい
ちょうだい♫
おおっ
おすわりっっ
すごい！
パクッ
よい子じゃ
♫
こうすれば
よいのじゃ
なるほど！
オイシ♫
ガシャ
おやつ

2 犬との生活

その夜
オスワリ!
ひょこ
やった!
のんき すごいじゃない!
いかん 体が勝手に…
なぜだ…
次は「フセ」ね
コラよ
ほらほら のんきちゃーん
ふせっ
…
あれ?
ごろんっ
フセよ フセ!
コラよ コラっ
…
もうダメ…
食べ過ぎだろう…
どんだけ やったんだ…

しつけを始めよう

どんな状況でも指示に応えるしつけを

「オスワリ」「マテ」「フセ」などの指示に従うことは、芸ではなくしつけの基本です。

しつけによって、どんな状況でも指示に応えられるようになり、家族との良好な関係が築けます。

ほめるテクニック

トレーニングを成功させるには上手にほめることが大切。必ずアイコンタクトを取り、笑顔を見せながら高い声でほめるのが基本です。トレーニング中は軽く、終了時には少し大げさにほめましょう。ただし犬が興奮するようなほめ方はNGです。

しかるテクニック

言葉でしかるのは、いたずらする直前やその最中にやめさせるとき。その場で、低い声で短くしかります。大声でしかったり、くどくどしかったりすると、犬は遊んでもらっていると勘違いするか、おびえるかのどちらかです。体罰は、犬に不信感や反抗心を抱かせるので厳禁。

いたずらをしたときは、しかるよりも無視するほうが効果的です。トレーニングや遊びの途中ならば中止します。

トレーニングを成功させるポイント

漫然と取り組んでも、トレーニングはうまくいきません。犬のやる気を引き出すためのポイントをしっかりと押さえましょう。

指示する言葉を統一

「オスワリ」「スワレ」など指示する言葉がバラバラでは犬も混乱します。家族全員で短く、分かりやすい指示で統一しましょう。

ごほうびは少しずつ

うまくいったときは、ごほうびをあげます。量はドッグフード１粒など、ほんの少しでＯＫ。

犬の集中力があるときに

ご飯前の空腹時が一番集中しやすい時間帯です。食後や就寝前はあまり集中できません。

集中力のあるうちにやめる

犬の集中力は 15 分程度。飽きて失敗する前にやめるのが大切です。２～３分のトレーニングを１日数回行うのも効果的です。

しつけ❶ オスワリ

信頼関係の基本を築く最初の一歩

一番最初に身につけさせたいのが「オスワリ」です。オスワリを覚えると、飼い主に集中させやすくなり、また興奮も抑えることができます。犬と飼い主の信頼関係の基礎となるものです。

オスワリのトレーニング

ごほうびの位置が高過ぎると、犬が立ったり飛び上がったりしてしまうので気をつけましょう。

❶エサに注目させる

ごほうびを犬に見せたり鼻に近づけたりして注目させます。

❷座る姿勢に誘導

エサを犬の鼻先から後頭部へ動かします。犬がつられて座ったら、「オスワリ」と声をかけます。

❸ほめてごほうびを与える

うまくできたら、ほめてごほうびをあげます。

❹繰り返す

①～③を繰り返し、慣れてきたら、指示だけでできるようにします。

おしりを押さえつけて座らせるのはNG。うまくいかないときは、おしりを丸めるように手でなでて補助します。

しつけ❷マテ

「マテ」は集中力を高め事故を予防する

「マテ」を覚えると犬の集中力が高まり、飼い主に対する忠誠心が育まれます。また人への飛びつきの防止に役立つばかりでなく、道路への飛び出しを防ぐなど、ときには見えない命綱となって犬を守ってくれます。

マテのトレーニング

犬ががまんできずに動き出す前にごほうびを与えたり、注意をうながしたりするのがポイントです。

❶犬を座らせる

犬にリードをつけて、向かい合って立ち、オスワリさせます。

❷「マテ」を指示する

「マテ」といいながら、手のひらを前に出す。犬が動き出しそうになったら、再び指示を出します。

❸ほめてごほうびを与える

数秒でも待てたら、ほめてごほうびを与え、止まる時間を少しずつ長くしていきます。

❹距離を長くする

次はリードの長さ分まで1歩ずつ離れながら、②~③を行います。ごほうびをあげるときは自分から近づくこと。犬が動きそうになったらリードを軽く引いて合図を送ります。

❺バリエーションを広げる

他の人にリードを持ってもらい、さらに遠くに離れたり、隠れたりして「マテ」を行い、どんな状況でも動かないようにします。

しつけ❸ フセ

飼い主のリーダーシップを強める

服従のポーズを示す「フセ」は、「オスワリ」に比べると、やや難易度が高め。ですが、うまくできるようになると、飼い主に対する服従心がぐっと増して、飼い主がリーダーシップをとりやすくなります。

フセのトレーニング

最初はなかなかフセの姿勢が取れないもの。あせらずに工夫しながら、ゆっくりと進めましょう。

❶ごほうびに注目させる

犬と向かい合い、オスワリさせます。ごほうびを犬に見せて、注目させます。

❷フセをさせる

ごほうびを犬の鼻先から脚元に動かします。このとき「フセ」と声をかけます。しっかりとフセの姿勢が取れたら、ごほうびをあげます。

❸繰り返す

①～②を繰り返して、慣れてきたら指示だけでできるようにします。

フセの姿勢がうまく取れないときは、自分の片膝を折ってトンネルをつくり、ごほうびで誘導してくぐらせて、フセの姿勢を覚えさせます。

しつけ❹ コイ

呼べば必ず来るように しつけることが大切

飼い主に呼ばれたら、どんな状況であっても必ず来るのが、飼い犬の基本です。「コイ」ができれば、散歩中にリードが外れるなどのトラブルがあっても、すぐに呼び戻すことができて安心です。

コイのトレーニング

「飼い主のところに行くこと＝いいこと」と思わせます。いたずらをして呼び戻したときも、決してしからないこと。

❶「マテ」を指示する

「マテ」を指示して、リードの長さ分、離れます。ごほうびを見せ「コイ」と言いながら、後ろに下がって犬を誘います。来たらオスワリをさせてから、ほめてごほうびを与えます。

❷距離を長くする

他の人にリードを持ってもらうか、ロングリードをつけて距離を伸ばし、同様にトレーニングします。隠れてから呼んでもよいでしょう。

❸繰り返す

②を繰り返して、慣れてきたら指示だけでできるようにします。

「マテ」「コイ」を同時にしつけると犬が混乱します。「マテ」ができるようになったら「コイ」を教えましょう。

しつけ❺ ツケ

人との一体感を生み
犬の従順さを育む

「ツケ」は、飼い主の歩くペースに合わせて歩けるようにするトレーニングです。いつでも安定したペースで歩けるようになり、散歩がいっそう楽しいものになります。

ツケのトレーニング

どれだけ飼い主の動きに注目させるかがコツになります。引っ張りグセがついてしまう前に始めましょう。

❶犬を左側に座らせる

リードを腰に巻き、右手にごほうびを持ちます。犬を左側に座らせて、左手でごほうびを１つ取って犬に注目させます。

❷１歩進む

１歩だけ進み、止まります。犬が飼い主に合わせて止まったらごほうびをあげます。うまくできたら、歩き出すときに「ツケ」と声をかけます。

❸距離を伸ばす

１歩ができるようになったら、歩数を増やしていきます。さらにジグザグに動いたりして変化をつけます。指示だけでできるまで繰り返します。

犬の左に壁や塀がくるようにすると自然に人の左側に立ちます。

しつけ❻ モッテ&ダセ

遊びにも役立つ 応用範囲の広いしつけ

「モッテ&ダセ」を教えておくと、噛んではいけないものを出させるときに使えます。また、後々ボール遊びに応用でき、飼い主とのコミュニケーションが深まるとともに、犬のストレス解消にも一役買います。

モッテ&ダセのトレーニング

「ダセ」は、くわえているものを出せば、ごほうびと交換してもらえることを覚えさせるのがコツです。

❶「モッテ」を教える

好きなおもちゃをくわえさせ、「モッテ」と声をかけます。うまくくわえないときはおもちゃを左右に動かし、興味を持たせます。すぐに放してしまうときは、片手の指先を首輪にかけて下あごをささえます。

❷「ダセ」を教える

くわえているものを斜めに持ち上げると、口を開き、放そうとします。そのときに「ダセ」と声をかけます。出したらすかさずごほうびをあげます。

❸繰り返す

①～②を繰り返し、指示だけでできるようにします。

第3章　犬の問題行動

犬が問題を起こすのは
頭や性格が悪いからではありません。
飼い主が接し方を改めながら
ほめて適切な行動を教えていきましょう。

腹が減ったな〜
ワンワン ワンワン
うるさいな〜
ごはんくれよ！
ワンワン ワンワン ワンワン ワンワン
コレ
コレ
あ、ごはんの時間か
ごめん ごめん
ごめんね
教えてくれたのね
まったく
ダメだなぁ

こぼしてる
俺のエサに近づくな
ウー ウー
な、何よ
掃除しようとしただけじゃん
食った食った
ひとやすみ
ちょっとそこ座るよ
おい
ここは俺の場所だ！
ウー ウー
こいつ…
どけ！
何！
ガブ
イテーッ

こらっ のんきっ
いそーなーっ
こいつーっ
ワン ワン ワン
ちょっとまて!!
ガラッ
吉田さん!?
上下関係が大切じゃ!
要求吠えに応じていると
はいはーい
ワン ワン ワン
犬がうなったり噛んだりして
ウー ウー
ガブ
自分が上だと思ってしまうんじゃ
王様
ごはん
ねる
あそぶ
!!

ど、どうすれば…
要求吠えは無視すること
めしくれよ
ワンワン
早く早く
ワンワン
…
静かになるまでまてばよい
食事の時間を決めないのもよい
I ♥ DOG
時間を決めると要求吠えがはじまるぞ
NONKI
居心地のよい場所は犬にゆずらない
しょうがないなあ
犬はかわいい
が、けじめがないと人とは暮らしていけん
分かったか！
はいっ
ぴしっ

犬の困った行動には？

困った行動への対処は その理由を知ることから

吠え続ける、飛びつくなど飼い主にとって好ましくない行動も、犬にはちゃんとした理由があります。

犬が問題行動を起こしたときは、やみくもにしかるのではなく、よく観察して、その理由を見つけることが大切です。そのうえで飼い主が接し方を変え、しっかりとしつけてあげれば、たいていは直すことができます。

体罰は厳禁

困った行動があるからといって、犬をたたくなどの体罰を加えてはいけません。

体罰を受けた犬は、それがトラウマとなり、人を信じることができなくなります。

プロの力を借りる

困った行動が起きたとき、プロのトレーナーに頼むのも1つの方法です。特にうなる、噛むなどの攻撃的なケースは、無理に自分で直そうとせずにプロに相談してみましょう。また、病気が原因で問題行動を起こすことも。体調不良が感じられる場合は、獣医師に相談しましょう。

困った行動 解決のポイント

困った行動には、共通の解決ポイントがあります。理由をよく把握したうえで、これらのポイントを実践し解決していきましょう。

無視する

犬にとって一番つらいのは無視されること。まずは無視することで解決を試みましょう。

リーダーシップをとる

犬は、飼い主より立場が上だと感じると、わがままになり、さまざまな問題行動を起こします。飼い主が常にリーダーシップをとることが大切です。

運動する

問題行動の多くは、運動不足によるストレスからくるもの。散歩などの運動でストレスを発散させてあげましょう。

過ごしやすい環境に

玄関先でつないで飼うと警戒心が過剰になりストレスに。環境によるストレスも問題行動の原因となるので、過ごしやすい環境をつくることが大切です。

トラブル❶ 吠える

静かにしているほうがいいことがあると教える

言葉が話せない犬にとって、吠えることは飼い主に気持ちを伝える数少ない手段です。

吠えるのをやめさせるには、まず、吠えている原因を把握すること。そしてその原因を取り除くとともに、吠えても自分の要求は実現しないことに気づかせます。吠えるのではなく静かにしているほうが、よいことがあると思わせるのです。

しかるのは逆効果

吠え続けるときは、思わず「静かに！」「うるさい！」などとしかってしまうものです。しかし、犬にとって、しかり声は飼い主が一緒に吠えているように感じるもの。さらに吠え続けるだけで、まったく逆効果です。

遠吠えには？

犬が遠吠えするのは、さびしい気持ちの表れです。群れからはぐれた犬が仲間を呼ぶ野性のころの習性が残っているのです。

夜に庭で飼っている犬が遠吠えするときは、室内でクレートに入れて寝かせるようにすれば、おさまるでしょう。

犬が吠えるわけは？

犬が吠える理由はさまざまですが、主に以下の４つに分けられます。状況をよく観察し、吠える理由を特定しましょう。

要求

食事や散歩を要求して吠えます。これに応えていると、「飼い主＝自分の要求通りに動く下位の立場」と思うように。

警戒・威嚇《いかく》

なわばり意識・恐怖などから、警戒して吠えます。来客や他の犬に対して吠える場合がこれにあたります。

興奮・運動不足

飼い主の帰宅時や遊びの途中で吠えるのは興奮からです。落ち着くまで無視します。運動不足によるストレスで吠えるときは、しっかり運動させましょう。

さびしさ・痛み

留守番のときなどに遠吠えしたり、高い声で吠えたりするのはさびしいからです。留守番に慣れさせる訓練を（→ P30）。痛みや恐怖を伝えるときに高い声で「キャン」と鳴くことも。

食事・散歩を要求して吠えるときの対処

食事･散歩の時間、また家族の食事中に吠えるのは、典型的な要求吠え。要求に応えるとますます吠えるようになるので注意。

無視する

要求吠えが始まっても知らないふりをしましょう。静かになって落ち着いたら、要求に応えてあげます。

食事・散歩の時間をずらす

毎日特定の時間に食事・散歩していると犬が時間を覚え、催促の要求吠えをしやすくなります。できるだけ毎日時間をずらして、食事・散歩をするとよいでしょう。

特定の音に吠えるときの対処

チャイムや電話の音に吠えるのは、音そのものに対する恐怖心や警戒心、またその音とともに起きることに対する警戒心からです。

音に慣らす

その音を録音するなどして、小さな音量から何度も聞かせます。吠えないときは、ごほうびをあげます。

クレートに入れる

その音が鳴ったらクレートに入るように指示（→ P24）し、入ったらごほうびをあげます。繰り返すうちに、その音が鳴ると自然にクレートに入るようになります。

来客に吠えるときの対処

来客に対して吠えるのは、なわばり意識や知らない人に対する警戒心から。来客に慣らし、「来客＝いいこと」と教えてあげましょう。

❶クレートに入れる

クレートに入れて落ち着かせ、静かになるまで無視します。

❷部屋から出る

クレートに入れても静かにしないときは、部屋から来客とともに出て、静かになったら入ります。これを繰り返します。

❸おやつをあげる

静かになったら、おやつをあげ、来客のときに静かにしていれば、いいことがあると覚えさせます。慣れてきたら来客におやつを渡して、犬にあげてもらいましょう。さらにクレートから出して、来客に「オスワリ」などの指示を出してもらいます。

トラブル❷ 噛む・うなる

攻撃性が高まる前にしっかりとしつける

噛むのは犬の本能の1つ。動くものを反射的に噛んでしまうなど攻撃的とはいえない場合もありますが、見逃していると人に危害を加えてしまうことも。また、うなるのは、ほとんどの場合はっきりとした威嚇《いかく》であり、攻撃的なものです。

いずれも、人と生活していくうえでは、許されない危険な行為。原因を把握して、しっかりとやめさせましょう。

子犬同士で遊ばせる

犬は、子犬のころにお互いに噛みあって遊ぶことで、噛むことが基本的なマナー違反であること、噛む場合の力加減などを学んでいきます。

将来の噛みグセを防止するためにも、子犬同士で遊ばせて、社会化を進めることが大切です。

危険時はプロに相談

人や他の犬に対し、常に攻撃的で、ケガをさせる恐れがあるときは、早急にプロのトレーナーに相談しましょう。自分で何とかしようとすると、むしろ事態を悪化させてしまい、大きな事故につながる可能性もあります。

犬が噛む・うなるわけは？

犬の表情や状況などから判断し、攻撃的なものか、そうでないかを把握しましょう。

警戒・威嚇《いかく》

吠える場合と同じですが、より攻撃的で危険な状態です。人や他の犬に慣らすことが大切です。

恐怖・不安

恐怖・不安から、自己を防衛するために噛むことがあります。体罰を加えたり、厳しくしかったりしたときに噛む場合などです。

上下関係の逆転

自分がリーダーだと感じている犬は、他の家族を噛むことで言うことを聞かせようとすることも。おもちゃやお気に入りの場所を渡さないのも、これに近い状況です。

興奮・本能

遊びのときの過度な興奮や、動くものをつかまえようとする本能で噛むこともあります。

どかそうとすると噛む・うなるときの対処

ソファなどお気に入りの場所からどかそうとしたときに噛むのは、犬が自分をリーダーと感じているから。毅然《きぜん》とした態度で対処しましょう。

その場所からどかせる

毅然《きぜん》とした態度で、その場所からどくように指示します。最初はごほうびで誘導してもよいでしょう。

トレーニングする

オスワリ、フセなどの基本のトレーニングを繰り返し、飼い主の指示に従うようにしつけ直します。

遊んでいるときに噛む・うなるときの対処

遊んでいるときに噛んだり、うなったりするのは、興奮し過ぎるため。飼い主が興奮をコントロールして遊ぶようにしましょう。

興奮してきたら休む

うなるなど、興奮し過ぎの兆候が出たら遊ぶのをやめ、オスワリなどをさせて、興奮をしずめます。落ち着いたら遊ぶのを再開します。

遊ぶのをやめる

興奮がおさまらない場合は、遊びはやめ、相手にせずに立ち去ります。

さわろうとすると噛む・うなるときの対処

お手入れのときなど、さわろうとすると噛んだり、うなったりする場合、いくつかの理由が考えられます。原因・状況に合った対処をしましょう。

トレーニングする

自分がリーダーだと思っている犬は、体をさわられることに対して攻撃的になります。この場合は、オスワリなど基本トレーニングをやり直し、人との上下関係を改善させます。

病気やケガの可能性も

突然、特定の場所をさわられるのを嫌がったり、歩き方がおかしいなどいつもと違う様子があるときは、病気やケガの可能性も。獣医師に相談しましょう。

少しずつ恐怖心をやわらげる

お手入れのときに噛んだりうなったりするのは、器具に対する恐怖心などが原因。いきなりお手入れしようとせずに、ごほうびをあげながら器具を見せ、器具に慣らしながら、徐々に「お手入れ＝いいこと」だと思わせるように。

トラブル③ 飛びつく

飛びつきは クセなる前にやめさせる

犬が飼い主などに飛びつくのは、遊びへの誘いや要求、喜びの表現です。だからといって許していると、完全にクセになってしまい、エスカレートすると犬は自分がリーダーだと思い込むようになります。また、運動不足から飛びついてしまうことも。

いずれにしてもかまい過ぎず無視することで、早めに直すようにしましょう。

ケガの原因にも

子犬のころは飛びついてくるのもかわいいものですが、体が大きくなると、大人でも押し倒され、ケガをする可能性も。小型犬でも子どもに飛びついたりすると危険です。クセになる前にしっかりと直しましょう。

室内でもリードを

飛びつきを防止するために、室内でも短めのリードをつけておくとよいでしょう。

しっかりとリードを握って、飛びつけないようにします。

飛びつくときの対処

飛びつきへの対処の基本は、無視することです。相手をしたり、しかったり、手で払いのけたりすると悪化する場合があるので注意。

背を向けて無視する

飛びついてきたときは、後ろを向いて無視します。落ち着いたら、さらにオスワリ、フセをさせ、できたらほめます。

散歩中に人に飛びつくときの対処

散歩中、すれ違う人に飛びつこうとするのは、人が好きで嬉しいからか、警戒心からの威嚇《いかく》かのどちらかです。

❶アイコンタクトを取る

人が近づいたら、ごほうびを見せてアイコンタクトを取ります。

❷静かにできたらごほうび

そのまま歩かせ、あるいはオスワリさせて、静かにできたらごほうびを与えます。

❸繰り返す

①～②を繰り返し、覚えさせます。

トラブル④ 散歩

快適な散歩になるよう ツケのしつけを徹底

散歩のときに犬が引っ張るのは、①リーダー化して飼い主を無視する、②興奮状態にある、③引っ張ることでいいことが起きると思っている、などの原因が考えられます。

「ツケ」のしつけを徹底するとともに、それぞれの原因に合わせた対処が必要です。

また、拾い食いやしゃがみこんでしまうといったトラブルに対しても、適切に対応することが大切です。

リードで引っ張りを防止

引っ張りグセがなかなかおさまらないときは、鼻先を押さえるジェントルリーダーや、胸を押さえるイージーウォークハーネスが効果的です。

チョークカラーの効果

チョークカラーも引っ張り防止に効果的です。本来は首を締めつけるようにして使うものですが、これはプロでも難しいテクニック。軽く引いて、合図を送るために使うだけでも効果的です。

チョークカラー

勝手な方向に歩くときの対処

犬が勝手な方向に歩くときは、リーダー化している可能性が大。犬が引っ張る方向についていかないことが大切です。

犬の進む方向とは逆に進む

犬が引っ張ったら、その方向とは逆に歩き、行き先を決めるのは飼い主であることを徹底します。

犬が引っ張ったら止まる

犬が引っ張ったら立ち止まり、リードがゆるんだら歩きます。リードがゆるまないと歩けないことを伝えます。

犬が座るまで歩かない

犬が飼い主の横について、座るまで待ちます。座ったら、1歩だけ進んで立ち止まり、また犬が座るのを待ちます。これを繰り返し、飼い主の動きに従うことを徹底します。

引っ張り続けるときの対処

散歩の間、ずっと引っ張り続けるのは、興奮状態にある証拠。もともとの性格や、運動不足といった原因が考えられます。

散歩の途中に運動を取り入れる

散歩中に公園でのボール遊びを取り入れるなど、犬がストレスを発散できる機会をつくりましょう。また散歩中は「ツケ」の指示を徹底します。

好奇心から引っ張るときの対処

ずっと下を向いて歩き続けたり、動くものを見ると追っかけたりするのは好奇心や本能が原因。普段から飼い主に注目させる訓練を。

制止して、オスワリを指示する

何かに気を取られて引っ張ったら、しっかりと制止し、名前を呼んでアイコンタクト。オスワリを指示して、落ち着かせます。静かにできたら、ごほうびをあげましょう。

拾い食いするときの対処

拾い食いは、マナー違反であるだけでなく、体に毒になるものを食べてしまう危険性もあります。拾い食いをやめる訓練をしましょう。

❶道路にエサを置いておく

犬の好物を道路に置いておきます。

❷リードで制止

そこを歩いて、犬が食べようとしたら、リードを軽く引いて制止します。

❸繰り返す

①～②を繰り返して、好物を無視して歩けるようになったら、手からごほうびを与えます。

しゃがみこんだときの対処

散歩中に犬が動かないのは、わがまま、疲れ、怖いものがあるなどの原因が考えられます。そんなときに無理矢理引っ張るのは NG です。

リードで合図を送る

しゃがみこんだら、リードをゆるめてから軽く引いて、合図を送ります。それでも歩かないときは、後ろを向いて、歩き出すのを待ちます。

だっこする

怖くて動けないときは、だっこしたり、道を変えるなどします。

散歩が楽しくなるよう工夫する

散歩が終わったら、ごほうびをあげるなど散歩が楽しくなる工夫を。

トラブル⑤ 留守番

犬はもともと留守番が苦手 じっくりと慣らしていく

留守番のときに、吠え続ける、家を荒らす、おもらしするなどの問題を起こすのは、さびしさが原因。

群れで生活する犬にとって、ひとりになるのは不安なもの。しつけを見直して犬と人との間にしっかりとした信頼関係を築き、犬がひとりで過ごす状況にじっくりと慣らしていきましょう。

また、さびしさを忘れて夢中になれるおもちゃを用意するなどの工夫も効果的です。

長時間の留守番は？

1日以上家を開ける場合、どんな犬でもストレスを感じるもの。エサや水があるから大丈夫などと安易に考えずに、ペット用のホテルに預けたり、知人にペットシッターを頼んだりするようにしましょう。

精神的な疾患の場合も

ひとりにさせたときのトラブルがあまりにひどい場合は、精神的な疾患も考えられます。その際はトレーニングに加えて、投薬による治療が必要になることも。留守番させると暴れて吠えまくる場合などは、1度獣医師に相談しましょう。

留守番のトラブルの対処

留守番のトラブルはさまざまですが、基本はクレートトレーニング（→ P24）と留守番に慣れさせること（→ P30）で対処します。

ひとりでいることに慣らす

普段からクレートやハウスで過ごさせる時間をつくり、ひとりでいることに慣れさせます。吠えても無視します。

出かけるふりをする

着替えたり、鍵を持ったりする外出のサインで、犬は不安を感じます。家にいるときも外出のサインを繰り返し、犬に慣れさせます。

音楽・ラジオ・テレビをつける

飼い主がいつも聞いている音楽やラジオ、テレビをつけたままにして、飼い主がいるときと同じ環境にします。

トラブル⑥ トイレ

基本トレーニングと生活環境を見直す

いつまでもトイレを覚えなかったり、覚えたトイレを忘れてしまったりした場合は、基本のトイレトレーニング（→P24）をやり直します。トイレの場所が覚えやすいように生活環境を見直すことも大切です。

なお、おもらししそうなときは、名前を呼んで気をそらし、トイレに連れていきます。大声でしかると「トイレ＝悪いこと」と思い、我慢するようになるので気をつけましょう。

トイレを覚えやすい環境

おもらしが続くときは、トイレとハウスをはっきりと分け、トイレは静かな場所に設置します。またおしっこがついたシートをトイレに1枚残しておくと、においで場所を覚えやすくなります。

放し飼いはトイレを覚えにくい

マーキングの対処

マーキングは、なわばりを示す犬の本能。室内でのマーキングは、犬が家を自分のなわばりと思っている証拠です。基本のしつけ（→P76）を徹底し、主従関係をはっきりさせることで改善します。目の前でしそうになったときは音を立てて気をそらし、トイレに連れていきます。

トイレを覚えないときの対処

放し飼いなどで、なかなかトイレを覚えないときは、クレートを使ったトイレトレーニングに切り替えるようにします。

❶食事後はクレートに入れる

食事後は3時間ほどクレートで過ごさせます。

❷トイレに連れていく

サークルで囲ったトイレに連れていき、うまくできたらごほうびをあげます。

❸自分で行けるまで続ける

クレートから出せば、自分でトイレに行くようになるまで①～②を続けます。

クレートを出るとトイレに直行！

うんちを食べるときの対処

犬がうんちを食べてしまうのは、必ずしも異常な行動ではありませんが、不衛生で寄生虫に感染することもあるのでやめさせましょう。

すぐに片づける

うんちを食べる前にすぐに片づけましょう。

エサを変える

エサを変えるとにおいが変わって、うんちを食べなくなる場合もあります。

騒がない

人が騒ぐと、喜んでいると犬が思い、逆効果になります。

トラブル❼ 他の犬との関係

時間をかけて少しずつ他の犬に慣らす

他の犬に対して吠える、うなるなど攻撃的になったり、怖がったり、はしゃぎ過ぎたりといった問題行動は、いずれも犬の社会化不足が原因です。成犬になってから直すのは大変ですが、毎日少しずつ他の犬に慣らしていくことで、多くの場合改善していきます。

なお、その際はリードを必ずつけて、犬の動きに注意して事故が起きないようにしましょう。

預かり訓練も効果的

一定期間、犬をトレーナーに預けて訓練してもらう預かり訓練では、他の犬との集団生活を通じて犬同士の基本的なマナーも学べます。飼い主がじっくりと社会化訓練に取り組めないときにはおすすめです。

多頭飼いは先住犬を優先

1匹目に加え、新しく犬を飼うときは、優先順位に気をつけましょう。体格差などにもよりますが、基本的に先住犬を優先させ、食事も先に与えるようにします。飼い主が順位をはっきりさせれば犬もそれに従い、犬同士の主導権争いなどを防ぐことができます。

他の犬とのトラブルの対処

他の犬とのトラブルを根本的に直すには、社会化を進めることが大切です。それまでは犬のタイプに合わせて落ち着かせるようにします。

他の犬から遠ざける

威嚇《いかく》して吠えたり、うなったりと攻撃的な場合は、リードを軽く引いて合図を送り、方向を変えて遠ざかります。

指示して落ち着かせる

他の犬を見て喜んではしゃぐタイプは、リードで合図を送った後、飼い主に注目させ、オスワリやフセをさせます。静かにできたらごほうびを。

距離をおいてゆっくり慣らす

他の犬を怖がるときは、無理に近づけず、最初は遠くから見せるだけにするなど、時間をかけて慣らしていきましょう。

トラブル⑧ 食事

健康に気をつけ けじめのある食生活を

いつもの食事を食べないときは、まず健康上の問題を疑います。吐くなどいつもと違った様子はないか確認し、必要ならば獣医の診断を受けましょう。そうでなければ、選り好みなど犬のわがままの可能性が大。その場合はしつけ直します。

また人間の食事には犬にとって病気につながる食材・調味料が使われていることも。おねだりされても与えないようにしましょう。

ものをかじるときは

テーブルや椅子の脚、スリッパなどをかじるときは、かじってもいいおもちゃを与えるとともに、根気よく注意します。また、かじりを防止する市販のスプレーも効果があります。

誤飲事故を防ぐために

誤飲事故を防ぐためにも、拾い食い（→Ｐ１０５）や盗み食いをさせないトレーニングをしておくことは重要です。また、口に含んでもすぐに出せるように「ダセ」のトレーニング（→P83）をしておきましょう。

食事を食べないときの対処

病気でもないのに食べないときは、選り好みしている場合がほとんど。選り好みしていると食事ができないことを教えます。

無理に与えない

食事を選り好みをしているときは、その要求に応えず、食事を下げるようにします。1時間ほどしてから、再び与えます。1日ぐらい食べなくても問題ありません。

テーブルの食事を食べるときの対処

1度でもテーブルから食事を与えると、テーブル上の食事は食べていいものと考えます。どんなにほしがっても与えないようにしましょう。

食事中はクレートに

食事中はクレートに入れるのが基本です。食事を要求して吠えても無視するようにしましょう。

タイミングよくしかる

クレートに入れるのに抵抗があるなら、テーブルに脚をかけたときにタイミングよく「だめ！」などとしかります。決して盗み食いを成功させないようにします。

犬も安心 家のおそうじグッズ

犬がいると家の汚れも倍増。でも犬の健康を考えれば合成洗剤の使用は避けたいもの。自然素材で犬にも人にも優しいおそうじグッズを紹介します。

重曹

おもらしの後片付けも、水分を拭き取った後に重曹をまいて、掃除機で吸い取ればすっきり。

酢

穀物酢を水で２倍ほどに薄めたビネガースプレーを、においの気になるところにかければ消臭と殺菌の効果があります。

ミカンの皮

ミカンの皮を煮出した水で床を拭けばピカピカに。フローリングについた犬のよだれなどをきれいにするのに最適。

軍手

カーペットについた抜け毛を一番簡単に取ってくれるのが滑り止めつきの軍手。まず表面をさっとこすった後、毛足と逆方向にこすると大量の抜け毛が取れます。

塩

窓についた犬のよだれは、水で濡らして絞ったタオルに塩をつけて拭き取ることができます。

小麦粉

同量の牛乳と混ぜてクレンザー代わりに。いろいろな汚れを取ることができます。

ちーす♪
あら久しぶり
おうっ
なんかのんきカッコ良くなったんじゃない？
えっ
本当？
凛々しくなったわ♥
ありがとうよ
キリリッ
マリーはいつにもましてきれいだよ
輝いてるね

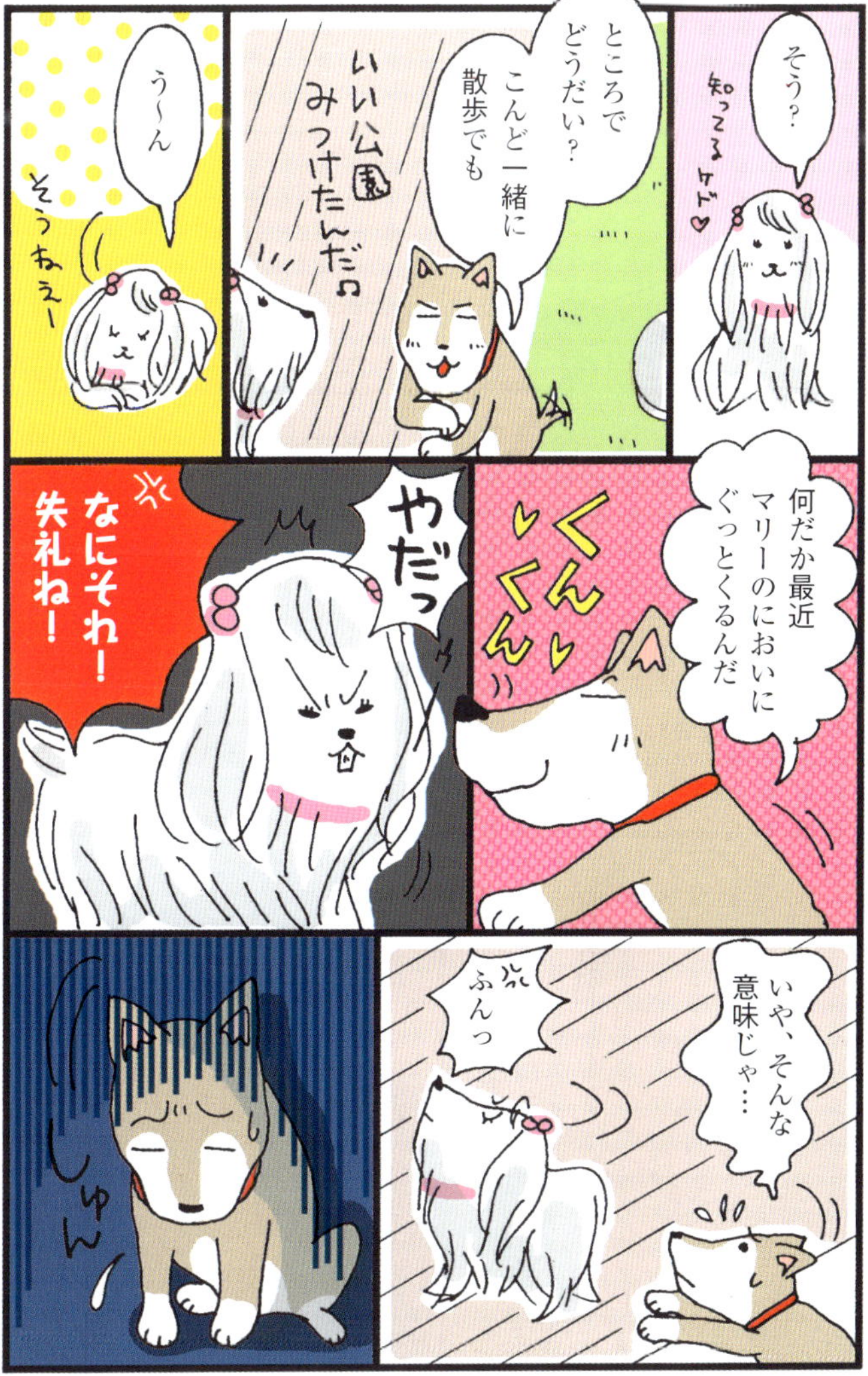
そう?
知ってるケド♡
ところで どうだい? こんど一緒に散歩でも
いい公園みつけたんだ♪
う〜ん
そうねぇ〜
何だか最近 マリーのにおいに ぐっとくるんだ
くんくんくん
やだっ
なにそれ! 失礼ね!
いや、そんな意味じゃ…
ふんっ
しゅん

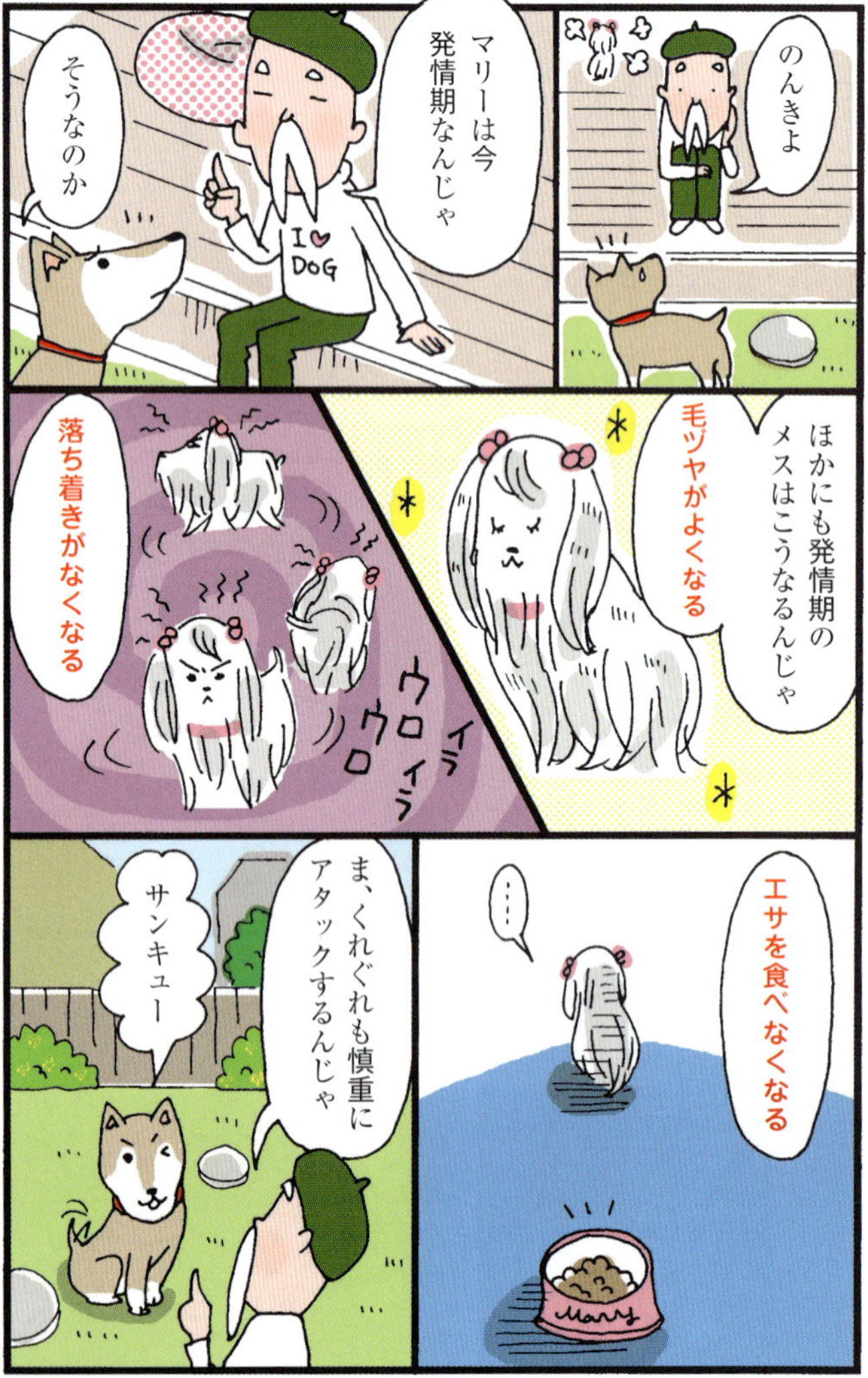
のんきよ
マリーは今
発情期なんじゃ
I ♥ DOG
そうなのか
ほかにも発情期の
メスはこうなるんじゃ
毛ヅヤがよくなる
落ち着きがなくなる
ウロウロ
イライラ
エサを食べなくなる
…
Mary
ま、くれぐれも慎重に
アタックするんじゃ
サンキュー

のんき、いつのまに吉田さん家へ！
お！今からのんきがマリーにアタックするところじゃ
マーリーちゃーん あそぼー
あら？うまくいったのかしら？
お水のむ？
……
うずうず
ガばっ
マリー好きだ！
強引な人ってキライ！
バシッ
うげ
ドガ
慎重にと言っておるじゃろ
バカ

犬の発情期

発情期にはさまざまな問題行動が起きやすい

犬は6ヵ月を過ぎるころから性的に成熟し、オス・メスともに発情（ヒート）するようになります。

発情期は、強い性的欲求によって反抗的になるなど、さまざまな問題行動を起こすことがあります。

繁殖させるつもりがないのなら、去勢・不妊手術を行うのがベスト。去勢・不妊を行わないときは、他の犬に迷惑をかけないようにしっかり管理しましょう。

メスの発情期の特徴

メスの発情期は年2回、季節に関係なく訪れ、3週間ほど続きます。発情期には10日間ほど出血し、妊娠できるようになります。また性的なフェロモンを発して、オスを誘います。この時期は抵抗力が弱まって病気にかかりやすくなるので、健康管理に気をつけましょう。

オスの発情期の特徴

オスには決まった発情期がなく、メスのフェロモンに反応して発情します。発情したオスは、強い性的欲求に動かされ、飼い主の言うことを聞かなかったり、オス同士でケンカしたりすることもあります。

メスが発情したら…

オスを発情させないようにして、出血や体調管理に気をつけましょう。

室内で運動させる

オスを発情させない、また土などでおしりを汚して感染症にかかるのを防ぐためにも、散歩は控えましょう。

衛生面に気をつける

出血が多い場合、犬用オムツをはかせ、犬や家の中が汚れないようにします。

オスが発情したら…

発情したオスはコントロールが難しく、特に大型犬は力が強いので注意が必要。成熟とともに頻発するマーキングなどへの対処も大切です。

発情中のメスに近づけない

発情したオスを無理に抑えると反抗的になることもあるため、発情中のメスに近づけないようにしましょう。

マーキングとマウンティングはさせない

マーキングするために立ち止まらせないように歩きます。マウンティングは払いのけてやめさせましょう。

去勢と避妊

トラブルや病気を防ぎ気持ちの安定にも

発情中のトラブルを未然に防ぐ効果的な方法が去勢・避妊です。オスのマーキングやマウンティングなどの問題行動を減らすことができ、さらにはオスの前立腺肥大やヘルニア、メスの子宮蓄膿症や乳腺炎などの病気の発症を抑えるのにも役立ちます。

また、攻撃性やなわばり意識も低くなり、気持ちを安定させる効果もあります。

かかる費用

去勢手術は、犬のサイズにもよりますが、1万5千～2万円程度です。避妊手術は、やや高く2～3万円ぐらいになります。自治体によって補助金が出る場合もあるので、各市町村に確認しましょう。

手術の時期

去勢・不妊手術ともに生後6～9ヵ月ぐらいまでに受けるのが理想です。性的成熟にともなう問題行動を抑えることもできます。9ヵ月以降でも手術は受けられますが、年とともに全身麻酔による負担が大きくなるため早めがおすすめです。

去勢したオスは
太ることも…

犬の妊娠

体の変化に合わせて適切なケアを

犬の妊娠期間は約9週間。受精卵が着床する4週目からエサを食べなくなる、体重が増えるなどの変化が現れます。

7週目からはお腹がふくらんでくるので、お腹をぶつけたり、圧迫したりしないようにしましょう。9週目、妊娠が近づいたら、体の2倍ほどの段ボールに新聞をちぎって入れた産室をつくり、静かな場所に置きましょう。出産にそなえ、タオルを近くに置いておくと安心です。

妊娠期の食事

妊娠前期(5～6週間)までは、通常の食事を1日2回与えます。後期に入ったら2週間ほどかけて徐々に妊娠期用ドッグフードに切り替えます。また、胃が圧迫されて1回で食べられる量が減るので1日3～4回に分けて与えるようにしましょう。

獣医師へのかかり方

交配後、4週目ぐらいに医師の診察を受け、超音波検査または触診により、妊娠しているかどうかをはっきりさせます。その後は医師の指示にもとづいて経過を見守ります。緊急時にもしっかりと対応してくれる医師を選びましょう。

犬同士の関係

犬は群れをつくって生活する動物のため、積極的に他の犬と関わりを持とうとします。群れの中のさまざまなルールに従うという本能もあわせ持っています。

リーダーに従う

群れの中にはリーダーがおり、他の犬はそのリーダーに従って行動します。上下関係は経験や知識をもとにした信頼関係によって決まることが多く、多頭飼いのときに先住犬がリーダーになるのはそのためです。

性別で関係も変わる

一般にオス同士はもめやすく、メス同士やオスとメスは仲良くなるようです。また去勢・不妊手術した場合は、性的な特徴が少なくなり、成犬らしくなくなるため、ケンカの対象とされないようです。

おしりをかいであいさつ

肛門腺から出るにおいをかぎ合い、相手の特徴を探ります。犬同士のあいさつのようなものです。

おしっこで相手を知る

犬のおしっこにはフェロモンなどが含まれ、それをかぐことでその犬の性別、年齢、体の大きさなどを読み取ります。

マウンティングで地位を示す

マウンティングには性的な意味のほかに、自分の優位性を誇示することで無駄なケンカを防ぐ意味があります。お互いに穏やかな表情のときは、単なる遊びと考えていいでしょう。

第4章　犬の食事とケア

ドッグフード選びのポイント

手作り食やトッピングフードのコツ

お手入れの流れなど

犬の健康を守るベーシックスキルです。

マリーちゃーん♥
のんき♡
ええっ!!
あれ!? のんき 最近太ったんじゃない?
そこ通れてない…
オレ太った? オレ太った?
ワン ワワン?!
ワワン ワン?!
こーゆーときは無視
あ、吠えちゃだめだ
クゥ～ン
ク～ン
ク～ン
ク～ン
あら どうしたの?

さっきごはん食べたじゃない
ワーンッ
そうじゃないんだってば…
のんきをよく見るのじゃ
そんなとこから
吉田さん…
キリッ
ボテッ
腰のくびれがないぞ
デブ
!!
ぽっちゃり
ボヨヨーン

どうやら食べ過ぎのようじゃ
ぷよん
ドッグフードを増やしたのよ
増量中
NONKI
のんきも大きくなってきたし
子犬から
NONKI
すっかり大人に
NONKI
トッピングにしてはどうじゃ？
トッピング？
のせるだけで健康ごはんができるぞ
うまそ

 ※アルファルファ…マメ科の多年草。別名「糸もやし」。本来は牧草だが、最近はもやしの一種として販売されている。

ドッグフードと水

主食にするなら総合栄養食を購入

ドッグフードの基本は「総合栄養食」と記載されたもの。そのドッグフードと水があれば、健康的に生活していけるというものです。

成長段階に応じて栄養バランスが整えられていますので、犬の年齢に応じたものを買うようにしましょう。

これさえ
あれば大丈夫！
NONKI

水はいつも新鮮に

犬にとって水は大切なもの。常温の水道水で大丈夫ですが、こまめに取り換えて、新鮮な水をいつでも飲めるようにしておきましょう。塩素が気になるときは、1度沸騰させ、冷ましてから与えます。

冷たい水は
むしろ体調を崩す
原因になるぞ
WATER

ドッグフードの保存

・ドライタイプ

開封したら、空気が入らないようにして冷暗所で保存。保存期間は約1カ月。

・ウェットタイプ

開封後は食べきるのが基本。残った場合は、タッパーに移して冷蔵庫へ。2〜3日以内に食べきること。

できるだけ
残さない
ようにね

ドッグフード選びのポイント

パッケージの記載事項をよく確認してから購入しましょう。

AAFCO（米国飼料検査官協会）基準のクリア

AAFCOはアメリカのペットフードのガイドライン。「AAFCOの基準をクリア」と表示されていれば安心です。

※認定基準ではないので「AAFCO認定」などという表示はできません。

成長に合わせた量や回数の目安

年齢や体重ごとの食事量・回数の記載をチェック。おやつなども、1日の限度量が決められている場合が多いので、表示の確認を忘れずに。

賞味期限

賞味期限が十分残っているかチェック。賞味期限が過ぎていれば栄養価が落ちている可能性もあります。

ドッグフードの目的

主食には健康維持に必要な栄養がすべて含まれた「総合栄養食」を、おやつには「間食」「一般食」「副食」を選びましょう。「その他目的食」は栄養補完食です。

犬に危険な食べ物

中毒の原因となる食品を食べさせないように

犬は、肉も野菜も食べる雑食性ですが、何でも食べさせてよいというわけではありません。食べると体調を崩したり、中毒を起こしたりする食品もあります。そういうものを犬がうっかり口にしないよう注意しましょう。

犬に塩は不要？

腎臓に負担をかけるため、犬に塩を与えないほうがよいといわれています。しかし、実際には適度に与えたほうが、犬はエネルギッシュに行動できるようになります。

大量に食べないかぎり、不要な塩分はおしっこから排泄されるので大丈夫。ただし、水分を十分に与えるように注意しましょう。また、人の食事の塩分量は犬にとっては多過ぎるため、人の食事は与えないように。

牛乳はNG

栄養たっぷりの牛乳は、犬の健康にもよいように思われがちです。しかし、犬は牛乳に含まれる乳糖をうまく分解できないため、下痢の原因になることがあります。基本的にあげないほうがよいでしょう。栄養食として与えるならば市販の犬用ミルクをあげましょう。

犬に食べさせてはいけないもの

少量であれば問題がない場合もありますが、食べてしまった場合はすぐに獣医師に相談しましょう。

ネギ類

タマネギ、長ネギ、ニラ、ニンニクなどには赤血球を破壊する成分が含まれ、食べると貧血に。加熱してもNG。

甲殻類

タコ、イカ、カニ、エビなどの甲殻類は、消化が悪く下痢を起こすこともあります。

菓子類・嗜好品

菓子類は肥満の原因に。チョコレートはショック状態、キシリトールは低血糖になる可能性があります。カフェイン入り飲料やアルコール飲料も中毒の危険があります。

生肉（豚）・生卵・骨

生の豚肉や生魚は寄生虫の心配があります。生卵は常食すると皮膚炎などに。加熱した鶏や魚の骨は消化器に刺さる危険があります。

成長に合わせた食事

成長・季節・運動量に応じて食事を変える

犬は年齢ごとに、成長のスピードや必要とする栄養が異なります。犬の成長に合わせて、量や回数、内容を変更していくことが大切です。ドッグフードの場合は、パッケージの記載通りにしておけば間違いないでしょう。

手作り食を取り入れれば、ドッグフードの量を基準にしながら、各犬に合わせたより健康的な食事があげられます（→P140）。

夏バテのときの食事

季節に合わせて食事内容を調整することも大切です。犬は、特に夏の暑さに弱く、夏バテぎみになります。食欲も落ちてしまうので、少量でも栄養の摂れる市販の高カロリー食や、消化を助ける食事を与えましょう。

また、夏場は水が温まりやすくなります。飲み水は犬の体温を下げる役割も果たすため、水を頻繁に取り換え、なまぬるい水を与えないようにしましょう。

運動量と食事

運動量の多い犬は、肉や魚などタンパク質の量を増やし、筋肉を育てる食事を心掛けます。特にタンパク質の代謝を助けるビタミンBを含んだレバーや豚肉などもよいでしょう。ただしレバーは与え過ぎると抜け毛の原因になるので注意。

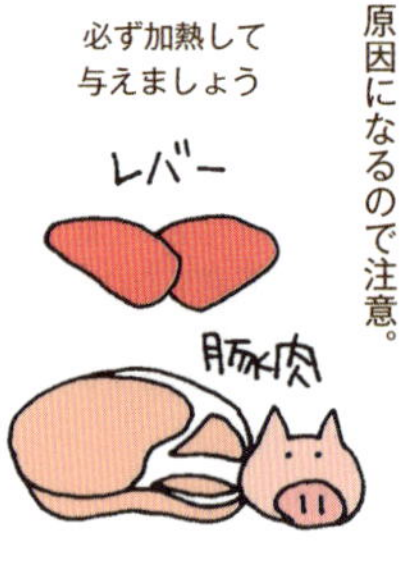

成長に合わせた食事内容

犬は犬種ごと、さらに1匹ごとに成長スピードが異なります。体重などそれぞれの犬の成長具合をみながら食事を調整していきましょう。

子犬

成長スピードの早い時期。大量のカロリーを必要としますが、胃が小さく1度に大量に食べられません。生後3ヵ月のころは食事を1日4回にわけ、6ヵ月ごろからは1日3回ぐらいがよいでしょう。

成犬

最も活発に活動する時期。犬の体重に合わせて、ドッグフードに表記された量を目安に食事量を調整しましょう。手作り食もドッグフードの量を目安にします（→ P142）。回数は1日に1～2回です。

老犬

犬種にもよりますが、7～10歳ぐらいから老犬となります。活動量もぐっと減るので、若いころと同じ量を与えるとすぐ肥満に。回数は1日1～2回。ドッグフードは少なめに、野菜や果物を多く与えてビタミン摂取を心掛けましょう。

犬の肥満

肥満を予防する健康管理が大切

肥満がさまざまな病気の原因になる点は、犬も同じです。肥満にならないように体調を管理してあげることは飼い主の責任といえるでしょう。

肥満の原因は、運動不足と過食。また、不規則な生活が原因となる場合もあります。

食べ始めるととまらない！
ゲプッ

肥満になる原因

運動不足・過食に加え、以下が原因となります。

・飼い主の生活の乱れ

飼い主があまり運動せずに、不規則な生活をしていれば、当然犬も同じ生活になります。運動不足や生活の乱れが肥満につながります。

・肥満になりやすい犬種

ラブラドールレトリバー、ビーグル、ダックスフンドなど遺伝的に太りやすい犬種もあります。

肥満が招く病気

肥満になると動脈硬化、糖尿病、高血圧、関節障害、皮膚病などにかかりやすくなります。また、手術などのときに麻酔がかかりにくくなるなどの弊害もあります。

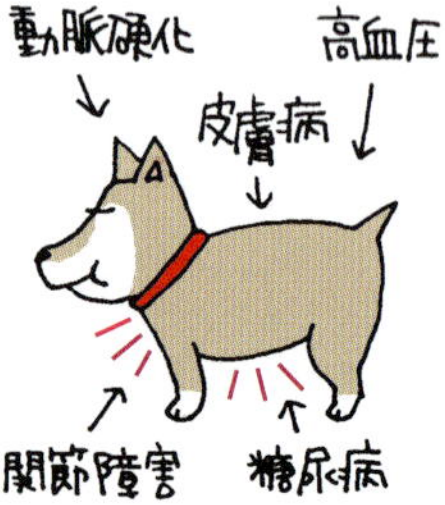

動脈硬化
高血圧
皮膚病
関節障害
糖尿病

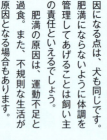

肥満のチェックポイント

犬の肥満は、体重よりも体型で判断します。体重が多くても、骨格や筋肉の発達によるものならば問題はありません。

腰のくびれ

犬の体を上から見たとき、腰にくびれがなければ肥満。

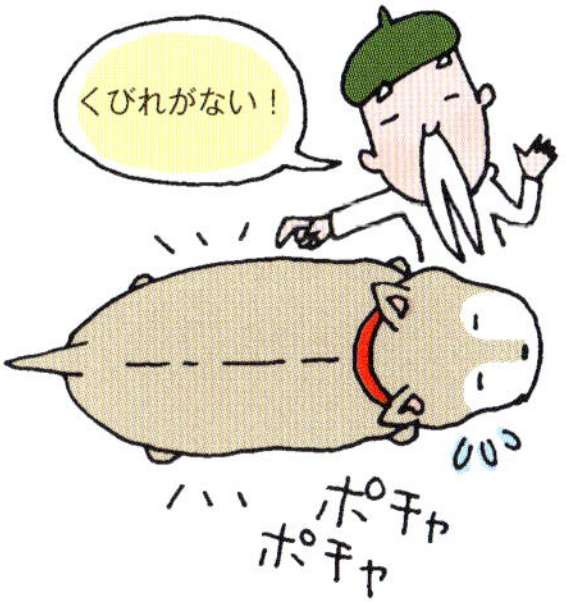

肋骨をさわる

脇腹を軽く押さえたときに、肋骨が感じられないなら肥満。

背骨をさわる

背中をさわったときに、背骨が感じられなければ肥満。

肥満を解消するには？

肥満解消の基本は、食事療法と運動療法です。ただし、どちらも急激に行うと健康を損なう恐れも。様子をみながら徐々に変えていきます。

食事療法

単に食事の量を減らすのではなく、満腹感があって、カロリーの少ないものに切り替えるようにします。食物繊維が豊富で排便を促すニンジンやゴボウなどの野菜を取り入れるとよいでしょう。

運動療法

散歩量を増やすのが基本ですが、いきなり激しいスポーツを始めると体を壊すので注意。近所にドッグプールなどがあれば、関節に負担の少ない水泳などをさせてもよいでしょう。

手作り食の基本

手作り食は犬の体調に合わせた食事が可能

手作り食は手間がかかりますが、それぞれの犬の体調に合わせた食材を使えるのが魅力。また、ドライタイプのドッグフードでは水分が不足しがちですが、手作り食なら自然にその分をカバーできます。

バランスのよい食事を

お肉ばかり、ごはんばかりなど、栄養の偏りがないように心掛けましょう。

ただし、栄養に応じて細かく分量を計算する必要はありません。左ページのような食材の3つのグループのバランスが取れれば大丈夫です。

手作り食への移行

ドッグフードから手作り食への切り替えは、すぐにおこなっても大丈夫。胃腸がついていけず、一時的に下痢ぎみになることもありますが、すぐに回復します。下痢が気になる場合やドッグフードのほうを好む場合は、1ヵ月ぐらいかけて、少しずつ手作り食の割合を増やしていくようにしましょう。

おやつ代わりに野菜を与えておくと、スムーズに移行できるでしょう。

手作り食の食材

穀類（炭水化物）、肉類、野菜類の３つに大きく分けて考え、この３種を同じ割合で与えるようにしましょう。

穀類（炭水化物）

米（玄米がベター）、麺類、雑穀、さつまいもなど。

肉類

鶏・牛・豚のほか、各種の魚や、乳製品、卵など。

野菜類

ニンジン、カボチャなど緑黄色野菜に加えて、大豆や大豆製品、きのこ類、海藻など。

その他

油を使うときはオリーブオイルなど植物性のものを。また、削り節、煮干しなどを香りつけとして加えるとよいでしょう。

１度の食事で各グループの食材を入れるのが理想ですが、１日のトータルバランスで考えてもかまいません。

レシピ❶ 基本・肥満対策

基本のレシピは簡単につくれるおじや

手作り食の基本メニューはおじやです。穀類、肉類、野菜類がバランスよく取れ、また具材を変えることで、変化をつけることもできます。

わしもマリーもいつもおじやじゃ
ムシャムシャ

手作り食の量

手作り食の量は、今まで与えてきたドッグフードの量を基準にします。手作り食の材料をすべて含めた量が、今までのドッグフードの量と同じになるようにします。また、穀類、肉類、野菜類の量は同じにしましょう。

NONKI
=
NONKI
手作り食は
ドッグフードと
同量にする

肥満に効く食材

肥満には、ニンジン、ゴボウ、カボチャなど食物繊維の豊富な野菜が効果的。また、低カロリーの豆腐も取り入れましょう。

穀類は、高繊維質の玄米がおすすめです。肉類は、鶏ささみや砂肝、またはタラやシャケなど低カロリーのものを使うとよいでしょう。

塩分のない生シャケを使ってね

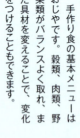

基本のレシピ＜おじや＞

おじやは犬の体調などに合わせて、材料を簡単に変えられるので便利。

材料

ごはん、鶏肉、ニンジン・カボチャ・ブロッコリーなど野菜類、削り節（ひとつかみ）、ごま油

作り方

❶ 野菜、鶏肉を一口大に切る。
❷ 鍋に材料とかぶるくらいの水を入れ、火にかける。
❸ 材料に火が通ったら、冷ます。
❹ 冷めたらごま油と削り節（分量外）をかける。

肥満対策のレシピ＜玄米ごはんとシャケ＞

低カロリーのシャケや豆腐に、玄米とたっぷりの野菜を加えたメニュー。シャケの代わりにタラを使ってもOK。

材料

玄米ごはん、シャケ、ジャガイモ、白菜、ダイコン、ニンジン、豆腐、ごま油

作り方

❶ 野菜をすべてみじん切りにする。
❷ 鍋に野菜と玄米ごはんを入れ、ひたひたの水を加え、火を通す。
❸ シャケは一口大に切り、別の鍋でゆでる。
❹ 器に②と③をスープごと盛りつけて、冷めたら一口大に切った豆腐を加える。

レシピ❷ 心臓病予防・解毒

サラサラ血液と解毒は犬の健康の基礎

心臓病は犬の主な死因の1つです。普段から血液をサラサラにする食事を心掛け、心臓への負担を軽くしましょう。

また、利尿など解毒を進める食事は、腎臓や肝臓の負担を軽くして、健康的な体を保つのに役立ちます。

心臓病予防の食材

心臓病予防には血液をサラサラにするオメガ3を含む魚類が効果的。マグロやカツオ、シャケなどがおすすめです。また、亜麻仁《あまに》油もオメガ3を多く含みます。他に強心作用や血液を調整する作用のあるマッシュルームなどのきのこ類や低脂肪のレバー、ひじきやワカメなどの海草類がおすすめです。

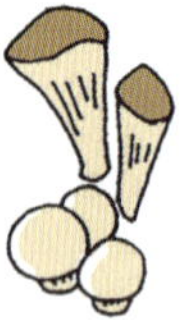

解毒を進める食材

解毒促進には食物繊維が効果的。カボチャなど各種野菜の他コンニャクもよいでしょう。また利尿作用の高いキュウリやダイコンなどもおすすめです。

肝臓や腎臓に負担をかけないためにも、豆腐や魚類など脂肪の少ない良質のタンパク質を摂るようにしましょう。

血液サラサラのレシピ＜カツオとワカメ＞

オメガ3を含むカツオと、カリウムなどのバランスを整えるワカメを使ったメニュー。カツオの代わりにタラを使うとより低脂肪に。

材料

ごはん、カツオ、鶏レバー、ダイコン、ニンジン、ワカメ、ごま油

マグロでも
いいよ！
NONKI

作り方

❶ ワカメは水で戻しておく。
❷ 野菜とワカメを細かく刻み、ごはんと一緒に鍋に入れ、ひたひたの水で煮込む。
❸ カツオと鶏レバーは一口大に切って別の鍋でゆでる。
❹ ②と③をスープごと器に盛り、冷めたらごま油を加える。

解毒を促すレシピ＜スズキとカボチャ＞

良質のタンパク質を持つスズキと食物繊維たっぷりのカボチャを整腸効果のある味噌で味付け。

材料

ごはん、スズキ、カボチャ、小松菜、鶏レバー、味噌、すりごま

味噌は無添加の
ものを使ってね
mary

作り方

❶ カボチャは小さな角切りに、小松菜はみじん切りにして、ごはんとともにひたひたの水で煮る。
❷ スズキと鶏レバーは一口大に切り、別の鍋でゆでる。
❸ ①と②をスープごと器に盛り、冷めたら味噌、すりごまを混ぜる。

トッピングの基本

トッピングで手軽に健康的な食事を

手作り食では手間がかかる、かといってドッグフードでは健康が保てるか心配。そんなときにおすすめなのが、トッピングごはんです。

いつものドッグフードに、ほんのひと手間かけたおかずを加えるだけでバランスの取れた食事ができます。

ドッグフードではなかなか摂ることのできない栄養が得られ、それぞれの犬の状態に合った食事を選ぶことができます。

トッピングの量

いつものドッグフードの量を4分の3に減らして、減った分をトッピングで加えるようにします。なお、調理に使ったスープも一緒にあげるようにします。そうすることでドライフードでは不足しがちな水分が十分に摂れます。

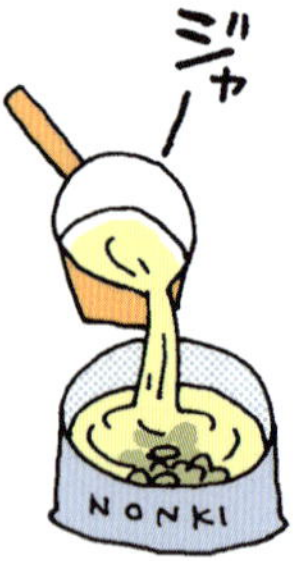

温度に注意

温めたものをトッピングする場合は、十分に冷ましてから加えるようにします。熱いまま加えると、ドッグフードに含まれている栄養素を壊してしまう恐れがあります。手でさわっても熱くない程度に冷ましましょう。

トッピング素材の基本

トッピングの目的は、ドッグフードだけでは不足しがちな栄養を補うことです。次の３つの要素がプラスできると理想的。

水分

ドッグフードに含まれる水分はわずか。自然の素材やスープをトッピングすることで、十分な水分が補給できるようになります。

解毒

食物繊維、ムチン、タウリンなど解毒作用のある素材も効果的です。

酵素

酵素を多く含んだ生野菜や果物、納豆など発酵食品も犬の体力維持に役立ちます。

トッピングの調理のポイント

ただそのまま素材をのせるのではなく、犬が食べやすいように工夫しましょう。

細かく刻む

特に野菜類は細かく刻んだほうが消化吸収がよく、水分も吸収しやすくなります。すりおろしたりゆでてやわらかくするのもOKです。

ドッグフードはふやかす

トッピングで冷ましたスープを加える場合、スープでドッグフードをふやかしてから犬に与えると、消化吸収がよくなります。

トッピング❶ 免疫力・冷え対策

免疫力アップと体を温めて健康増進

犬の病気で気になるものの1つはガンです。免疫力をアップし、抗ガン作用のある食材を食べさせて予防しましょう。

また、体を温める食材を選ぶことも免疫力アップに役立ち、さらに腎臓などの病気の予防につながります。

ガンは犬の死因
No.1 じゃ

免疫力アップの食材

抗ガン作用があり、解毒力も高いきのこ類は免疫力を高めるとともにダイエット効果も期待できます。また、ブロッコリーやごまなど抗酸化作用の高い野菜もおすすめ。ブロッコリーは5分程度ゆでると、栄養素も壊れず、消化もよくなります。

抗酸化作用は
美容にも
いいのよ
キラ
キラ

体を温める食材

体を温めれば血流がよくなり、免疫力アップにも役立ちます。ゴボウやレンコンなどの根菜をすりおろし、加熱して与えるとよいでしょう。また、加熱した鶏肉やラム肉も効果的。

ゴボウは
便秘解消にも

免疫力アップのトッピング＜きのこ＞

きのこ類を豊富に使ったトッピング。もちろん1種類だけでもOK。ただし、毒を含む場合があるので野生のものは避けましょう。

材料

きのこ各種（マッシュルーム、エリンギなど）

作り方

❶ きのこを細かく刻む。
❷ 鍋にきのこを入れ、水をひたひたに注いで、火をつける。
❸ きのこに火が通ったら、火を止めて冷ます。
❹ ゆで汁ごとドッグフードにかけ、ふやけたら犬に与える。

体を温めるトッピング＜ゴボウとダイコン＞

根野菜のゴボウとダイコンをすりおろして使う簡単トッピングです。他にカブやレンコンなどもおすすめ。

材料

ゴボウ、ダイコン

作り方

❶ ゴボウは洗ってから、皮つきのまますりおろす。
❷ ①を鍋に入れ、火をつけて1分ほど温める。
❸ ダイコンをすりおろす。
❹ ②が冷めたら、ダイコンとともにドッグフードにのせる。

トッピング❷ 整腸・夏バテ対策

おなかのトラブルや夏バテも解消

下痢をしたり、便秘になったりと、おなかのトラブルは案外多いものです。ちょっとしたトラブルなら、いつものドッグフードにおなかの調子を整える食材をトッピングすることで解消されるでしょう。

また、犬は暑さが苦手。夏には、食べ物から自然に水分補給できる食材や、上手にクールダウンできる食材を効果的に使いましょう。

おなかを整える食材

おなかの調子が悪くなるのは、宿便による腸内環境の悪化が原因。コンニャクやワカメなど、食物繊維たっぷりの食材ですっきりさせるのが効果的です。

また、整腸作用の高いリンゴもおすすめです。

うんちも
あまり
におわなく
なるよ

クールダウンの食材

体の熱を取ってくれるトマトやゴーヤ、レタス、豆腐（冷や奴）など。変わったところでは馬肉も効果的です（ネット通販などで購入可能）。馬肉はレア程度に加熱すれば安心です。

犬は夏が
ニガテじゃ

整腸作用のあるトッピング＜コンニャクとワカメ＞

腸をきれいにしてくれる刺身コンニャクをトッピング。食物繊維が豊富なワカメも一緒に。

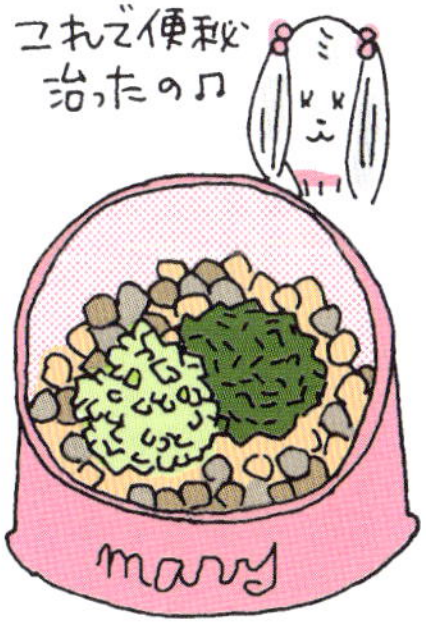

材料

刺身コンニャク、ワカメ、ダイコン

作り方

❶ ワカメは水で戻しておく。
❷ ワカメ、刺身コンニャクを細かいみじん切りにする。ダイコンはすりおろす。
❸ ②をドッグフードにのせる。

夏バテに効くトッピング＜ゴーヤとトマト＞

熱を取ってくれるゴーヤとトマトの組み合わせです。抗酸化作用も期待できます。

材料

ゴーヤ、トマト、削り節、オリーブオイル

作り方

❶ ゴーヤはわたをとって薄くスライスし、オリーブオイルでさっと炒める。
❷ ゴーヤが冷めたらみじん切りにしたトマト、削り節とともにドッグフードにのせる。

犬のおやつ

おやつはあげ過ぎと高カロリーに気をつける

おやつは、トレーニングするときのごほうびとして不可欠なものです。しかし、カロリーが高いものが多く、摂り過ぎは体調を崩すもとに。

手作りにするなどの工夫をして、健康的な食生活を守るようにしましょう。

おやつの量の基本

おやつをあげる場合は、トータルでいつも食べているドッグフードの量と同じになるようにします。おやつを食べたら、その分は食事を減らします。ドッグフードをおやつにするなら、1日の食事の分量からよりわけておくと便利です。

野菜・果物で健康に

カロリーが気になるなら、自然派のおやつにするのも手です。

野菜や果物をそのまま使ってもよいですし、簡単に調理加工すれば、低カロリーで日持ちのするおやつを簡単につくることができます。

手作りおやつ＜乾燥野菜＞

野菜を薄く切ってオーブンで焼くだけの簡単おやつ。しかも低カロリー。野菜だけでなく果物でも OK です。

材料

ニンジン、カボチャ、サツマイモなどの野菜

作り方

❶ スライサーなどで材料を薄く切る。
❷ 120℃のオーブンで水分が飛ぶまで 30 分前後焼く。

手作りおやつ＜手作りジャーキー＞

カロリーは高めになりますが、手作りで安心安全なのが魅力。手軽につくれて、犬も大喜びです。

材料

牛・豚の薄切り肉、鶏ささみ、シャケなど

作り方

❶ 鶏ささみはラップに包みめん棒で薄くのばす。シャケは薄くそぎ切りにする。
❷ 各材料を 150℃のオーブンで 20 分程度焼く。途中で様子をみながら、裏返す。
❸ 焼き上がったらすぐ包丁で小さく切る。

そのまま自然派おやつ

家にある食材を犬のおやつにすれば、低カロリーで栄養価も高いおやつが簡単にできます。野菜は生でも加熱してもOK。食べやすいように細かくして与えましょう。

ニンジン

βカロテンをたっぷり含み、免疫力を高めます。一口大に切ったり、すりおろしたりして与えましょう。

ダイコン

胃に優しく、カロリーも少なめ。一口大に切ったり、すりおろしたりして与えましょう。

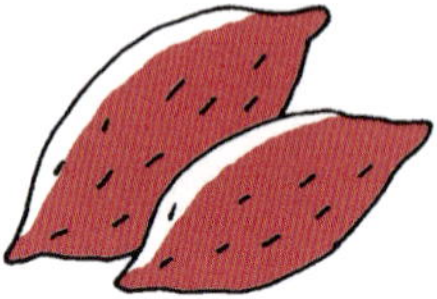

サツマイモ

甘みがあり、ビタミンや食物繊維も豊富。食べやすい大きさに切ってあげましょう。

キャベツ

歯ごたえがあり、満腹感も味わえる。免疫力アップのビタミンCは加熱により失われるので、できるだけ生のままで。

バナナ

栄養満点。カロリーが高く、アレルギーを起こす犬もいるので少量ずつ与えましょう。

リンゴ

ほどよいかみ応えで犬も好んで食べます。すりおろすと下痢や便秘にも効きます。

スイカ

水分が多く、利尿作用が期待できます。種をのぞき、一口大に切って与えましょう。

オレンジ

酸味があるので、好みの分かれるところ。ビタミンCたっぷりなのが嬉しい。

吉田さ〜ん
お買いものかいっ?
のんき
ずいぶんと
やせたね
まあね
フフッ
なんだか素敵♥
ポッ
でも何かしら
くん
くん
くん
くん
くん
くん
なに?
なに?
?
あなた…
臭いわっ!!
シューシュー
シュー
フローラル
フローラル
そうなのぉ〜

最近風呂に入れとるか？
もう うちに 来ないぞよ
ウ…
シャンプーを嫌がって…
うん
しゅん…
こんなかんじ…
いやだ
うわ～
こらこら
しかしシャンプーをしないと…
大変なことに…
臭い
皮膚炎
ノミ
シラミ
病原菌の繁殖

どうすればいいんでしょう？
でもお風呂キライだよ～
うむ
I ♥ DOG
まずは水に慣れさせることじゃ
最初は濡らしたスポンジを使う
脚だけでOK
ん？きもちいいぞ
次は洗面器に水を入れて脚だけ
慣れたら浅いお風呂に入れる
洗うときは脚からな
ん～お風呂きもちいいね

うーん そこかゆかったんだ！
すっかり お風呂好きに なったなぁ
でしょ
♫
きもち いいなぁ
のんき いいにおい！ 素敵！
だろ！
でも…なんか 臭い…
くんくん くんくん
たしかに…
くんくん くんくん
…
…
あっ ごめん ごめん
ぷぅ〜
パ パ
…
下品な

シャンプー

毛と地肌の健康のため シャンプーを定期的に

シャンプーは犬の毛や肌の健康を保つために欠かせないお手入れ。皮膚病を防ぐ効果もあります。

犬の体に負担がかからないように10分程度で手早く済ませるのがコツです。

シャンプーの基本

・**シャンプーの頻度**

2～4週間に1度ぐらいを目安におこないます。

・**事前にブラッシング**

シャンプー前にブラッシングで毛玉を取っておくと、よりきれいに洗えます。

・**お湯の温度**

30～38℃ぐらいにします。

・**タオルとドライヤーで乾かす**

終了後は、必ずタオルで拭いて、ドライヤーで乾かします。

ドライヤーが苦手なとき

まずドライヤーを見せながらおやつをあげて、「ドライヤー＝いいこと」と印象づけます。

次にドライヤーの音だけを聞かせておやつをあげ、音を止めたら、おやつをストップします。これを繰り返し、ドライヤーの音に慣らします。

最後にドライヤーの風を犬に当てておやつをあげ、風を止めたらおやつもやめます。これを繰り返し、ドライヤーの風に慣らしていきましょう。

シャンプーの手順

正しい手順をしっかり覚え、手早く丁寧にシャンプーしましょう。

❶耳栓をする

水が入らないように綿を丸めて入れます。顔は濡れたタオルで拭くだけでもOK。

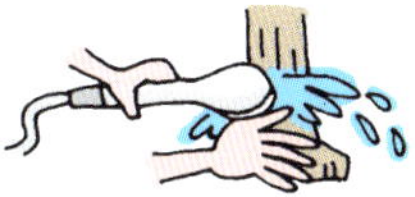

❷下半身から濡らす

脚→体→顔の順に下半身からお湯で濡らします。シャワーヘッドを地肌に当てるようにして、耳や鼻に水が入らないようにします。

❸シャンプーする

シャンプーを泡立て、指の腹でマッサージするように洗います。指の間やしっぽの裏などは、汚れがたまりやすく忘れがちなので注意。また肛門周りや顔は優しく丁寧に。

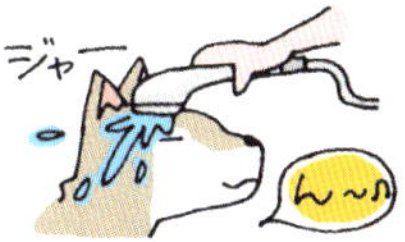

❹顔から流す

顔→体→脚→しっぽの順で、シャワーヘッドを地肌に当てるようにして優しく流していきます。

❺タオルで拭く

耳栓を取り、タオルで念入りに拭きます。

❻ドライヤーをかける

コームなどを使って、根元まで風が当たるようにかけます。冷えないように体から手早くかけましょう。

ブラッシング

毛のタイプに合わせたブラッシングで清潔に

ブラッシングは、汚れや抜け毛を取り除く他に、毛玉の予防・除去、皮膚病の予防などの効果があります。またマッサージ効果も期待できるため、上手にやれば犬もリラックスできます。犬の毛のタイプに合わせたお手入れをしましょう。

最低でも
3日に1度は
ブラッシングじゃ
I ♥ DOG

犬の毛のタイプ

犬の毛にはさまざまなタイプがあり、そのタイプに合わせたお手入れが必要です。同じ犬種でも、違う毛のタイプに分かれる場合があります。

・スムースコート
短く硬いタイプの毛。手入れは楽ですが、換毛期（主に春と秋）の抜け毛が多くなります。

・ロングコート
毛の長いタイプ。毛玉ができやすいため、毎日のブラッシングが必要。

・ワイヤーコート
ワイヤーのように粗くて硬いタイプの毛。コームなどで不要な毛を取る必要があります。

・カーリーコート
巻き毛タイプ。抜け毛が絡まりやすく、日々のお手入れが欠かせません。

私も今度
カーリーコートに
しょうかしら
こんな
かんじ

ブラッシングの手順

毛のタイプに合ったグッズを使い、優しくなでるように少しずつブラシを動かすのがポイントです。

スムースコート

蒸しタオルを当て、血行をよくしてから獣毛ブラシで全体をブラッシングします。

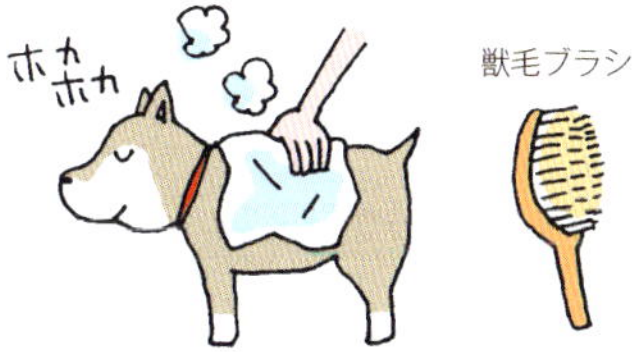
ホカホカ
獣毛ブラシ

ロングコート

ピンブラシで脚の毛先→体→顔の順にブラッシング。最後は粗い目のコームで毛の絡まりをほぐします。

コーム
ピンブラシ

ワイヤーコート

ラバーブラシでマッサージした後、コームで毛並みに沿ってとかし、最後に獣毛ブラシでブラッシングします。

ラバーブラシ
獣毛ブラシ
コーム

カーリーコート

脚→おなか→背中→頭→耳の順でスリッカーを使ってとかします。耳など肌の弱い部分は、スリッカーの先端が当たらないように優しく。

スリッカー

歯磨きと耳掃除

歯周病を予防するために歯磨きは必須

犬のトラブルで案外多いのが歯周病。放っておけば、手術が必要になることも。毎食後の歯磨きで予防しましょう。

耳も手入れしないと細菌が繁殖して、中耳炎や内耳炎にかかる恐れも。週に1度を目安に定期的にケアしましょう。

歯磨きに慣れさせるには

はじめて歯磨きするときは、歯磨き粉の代わりにピーナッツバターやクリームチーズなど、犬の好物を歯ブラシに塗ってくわえさせましょう。気に入ったようならそっと歯ブラシを動かします。慣れてきたら少しずつ犬用歯磨き粉に替えていきます。

歯周病のサイン

いつもと違う強い口臭を感じたら、歯周病を疑い、獣医の診察を受けてみましょう。放っておくと、歯がぐらついてまともに食事ができなくなる場合もあります。また、口臭は他の内臓疾患の可能性もあるので、注意しましょう。

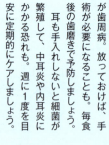

歯磨きの手順

人の歯磨きと同じように、バス法（左右に動かす）とローリング法（上下に動かす）の２つを使い分けます。

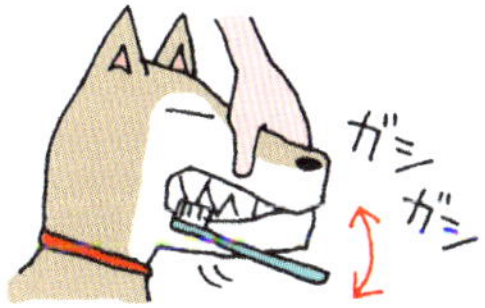

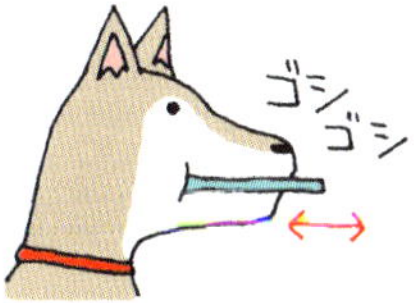

犬歯（牙状の歯）

食べかすや歯垢をかき出すようにローリング法で付け根を磨きます。

奥歯

バス法とローリング法を併用しながら、磨き残しのないように丁寧に磨きましょう。

耳掃除の手順

コットンやティッシュに専用のイヤークリーナーを浸して耳掃除をします。綿棒は、犬が急に動いたときに刺さると危険なので使わないように。

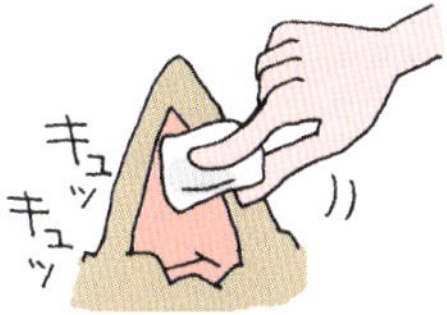

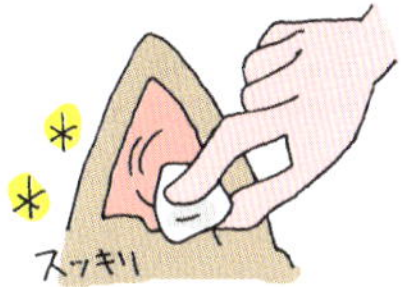

耳の汚れを拭き取る

イヤークリーナーを浸したコットンで、耳の汚れを優しく拭き取りましょう。

耳の穴の汚れを取る

耳の穴の周りをソフトに拭いて、かき出すように汚れを取ります。穴の奥のほうまでやる必要はありません。

爪切り・その他ケア

爪が伸び過ぎると肉球に刺さることも

爪が伸びてしまうと中の血管も伸びてしまい、ますます切りにくくなってしまいます。伸びきらないうちに月に1、2度は切るようにしましょう。

他にも散歩後の脚拭きや目ヤニの除去をきちんとしておくことで、犬も飼い主も清潔に暮らせます。

近づくとケガするぜ
フッ

爪切りアイテム

犬の爪切りには、ニッパータイプとギロチンタイプがありますが、力を入れずにきれいに切れるギロチンタイプがおすすめです。また切った後は、爪で人などを傷つけることのないようにヤスリをかけて仕上げます。

ニッパータイプ

ギロチンタイプ

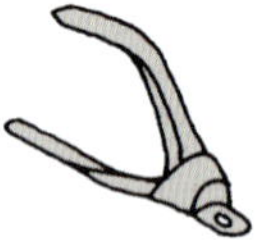

プロにまかせたいケア

ケアの中には自分でやるよりも、プロに任せてしまったほうが安心なものもあります。トリミングや肛門腺絞り、ノミやダニの駆除などは、それぞれ自分でもできますが、それは簡易的なものと考えて、定期的にプロにやってもらうとよいでしょう。

トリミングはいつもプロにまかせるの

爪切りの手順

血管をすかして見ながら深爪しないように切るのがコツです。黒い爪の犬は、血管が見分けにくいので少しずつ切るようにします。

❶爪を持つ

爪の根元と肉球を挟み、爪が動かせないようにします。

❷爪切りを近づける

刃が上になるように持ち、閉じた状態で爪に近づけます。

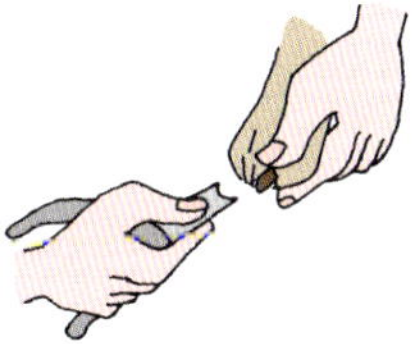

❸カットする

爪の大きさに合わせて刃を開き、血管を切らないようにカットする。

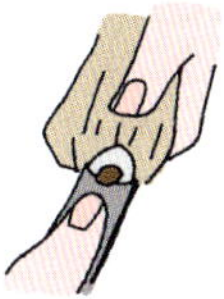

❹ヤスリをかける

カットが終わったらヤスリをかけます。手前に引くイメージでかけ、爪の角を削り取り、丸くします。

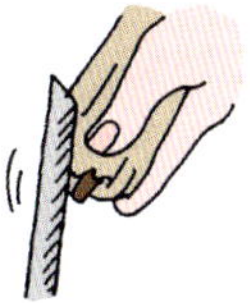

その他のケア

散歩後の脚拭き･目ヤニの除去も、正しく行い、清潔さを保ちましょう。

散歩後の脚拭き

濡らして絞ったタオルにペット用の除菌スプレーをかけます。肉球→指の間の順に汚れを拭き取り、最後に乾いたタオルで拭きます。

目ヤニの除去

ぬるま湯に浸したコットンを犬の目に当て、目ヤニをふやかし優しく拭き取ります。取れたら乾いたコットンなどで水分を拭き取ります。

犬のマッサージ

マッサージは、犬の体調を整え、飼い主とのスキンシップを深めてくれます。さらに、犬の気持ちを穏やかにして、問題行動を抑えるのにも役立ちます。

首のマッサージ

首の皮膚を、指で軽く持ち上げるように引っ張ります。

背中のマッサージ

背骨を指先ではさむようにしてもみながら、首からしっぽへマッサージします。

脚のマッサージ

脚の付け根から脚先にむけて、手のひらで軽く握るようにもみます。運動量の多い犬におすすめ。

肩のマッサージ

肩甲骨のくぼみを人差し指から小指までの４本の指で優しく押します。運動後のリラックスに。

おなかのマッサージ

両手の指先でおなかをそっと押します。こうすることで胃腸の調子が整います。肋骨は押さないようにしましょう。

第5章　犬の健康と老後

犬がいつまでも健康でいるために

体調をこまめにチェックしてあげましょう。

また犬が年齢を重ねたら

年齢に応じた生活スタイルに変えていきます。

はっくしょん
のんきくしゃみしてる～
あはは!!
おもしろーい
マリーちゃんがうわさしてるのかもね
はっくしょんくしょんっくしょんっ
ねぇのんきのくしゃみ止まらないよ
そういえばごはんも残してるし…
病院に連れていこうよ
そうね！
ゴー!!
NONKI
動物病院

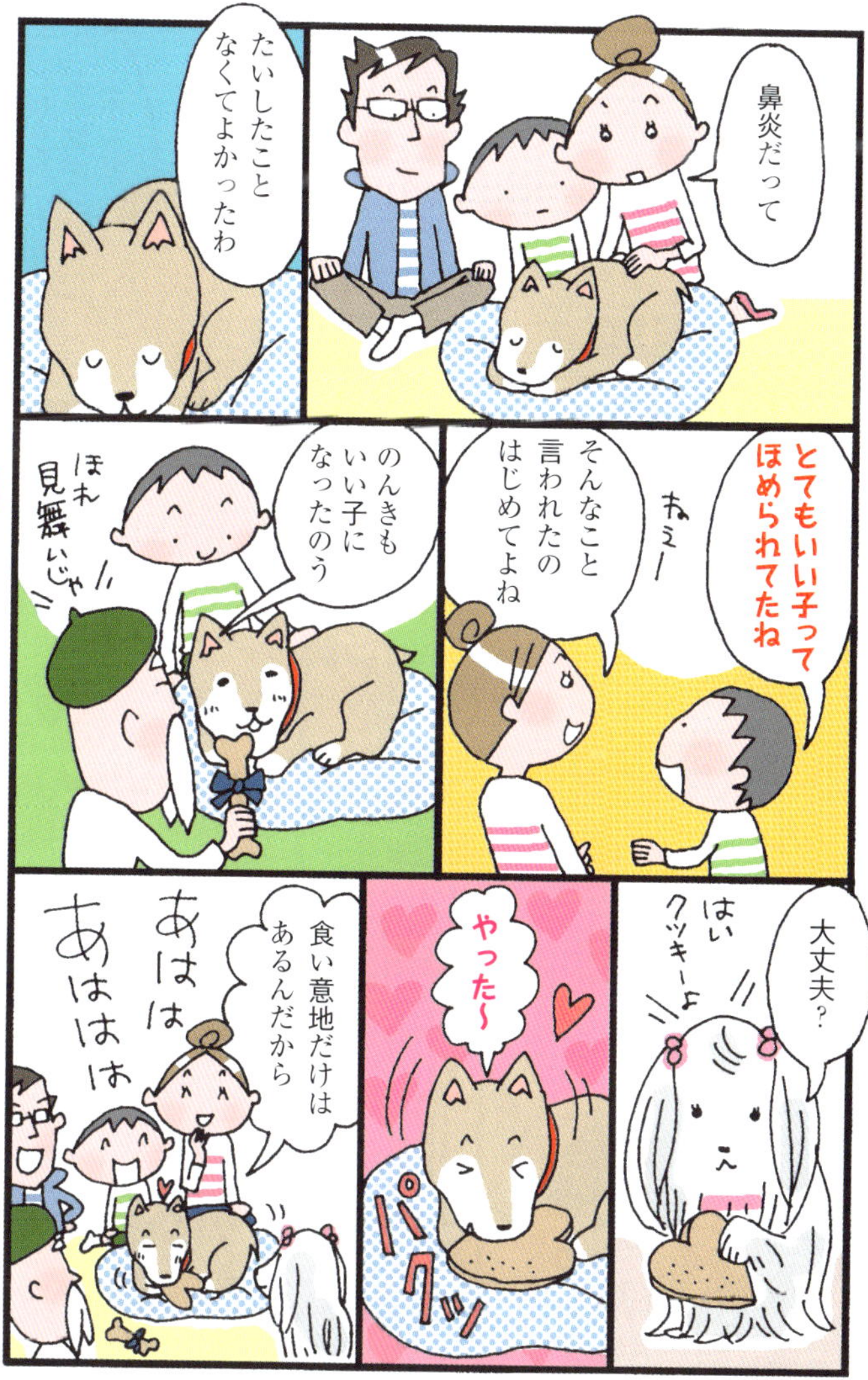
鼻炎だって
たいしたことなくてよかったわ
とてもいい子ってほめられてたね
ねぇ〜
そんなこと言われたのはじめてよね
のんきもいい子になったのう
ほれ見舞いじゃ
大丈夫?
はいクッキーよ
やった〜
パクッ
食い意地だけはあるんだから
あははあははは

とにかく早く気がついてよかった
ほかにもこんな症状に注意じゃ
歩き方がおかしい
ふらふら
口が臭い
くさっ
便がゆるい
いつも
おしりをこする
ずりずり
気をつけようねー
それにしてもいい!
ええ?
信頼関係ができておる
あんなにムチャクチャだったのに
くっ

お互いを信頼しあう
犬と人との
理想の関係じゃ
いつも
ありがとう
のんき♪
別の日
う〜ん
また？
どうしたの？
う〜ん
だいじょうぶ？
あっ!!
ママ！
ケーキが
ないよぉ〜
さては
のんき!?
こそこそ
コラーっ
だって
食べたかったん
だもん
信頼関係は
どこに…

健康状態のチェック

犬の不調サインを見逃さない

犬の体調が崩れれば、たいていは目に見えるかたちで異常が現れます。そうした異常を見逃さないように、食欲や毛ヅヤなどから犬の健康状態を日々チェックしましょう。

早期発見・
早期治療が
大切じゃ

うんちで健康チェック

うんちも健康チェックの大きなポイント。色・形やにおい、1日の回数をチェックしておきましょう。健康的なうんちは、やや表面がしめった感じのバナナ型です。硬いうんちの場合は、食物繊維を含む野菜などを、軟らかい場合は、ヨーグルトなど整腸作用のあるものを与えます。軟便や便秘になった場合、胃腸など消化器官の不調が考えられます。食事を変えても治らないようなら、1度、獣医に相談を。

おしっこで健康チェック

おしっこも健康のバロメーター。チェックポイントは、色の濃さ、量、回数、においです。また、おもらしも病気によるものの場合があるので注意。健康なおしっこは薄い黄色です。いつもより回数が少なく、においが強い場合は、水分不足です。

また
おねしょしてっ!!
しゅん…

体の健康チェックポイント

ここにあげた代表的なチェックポイントをもとに「いつもと違うこと」を見逃さないようにしましょう。

目

□白目が充血していないか
□白目が黄色くないか
□黒目が白濁していないか
□はれていないか
□かゆがっていないか

耳

□耳の中の色はいつもと同じか
□耳が臭くないか
□耳アカがたまっていないか
□はれていないか
□かゆがっていないか

鼻

□鼻が乾燥していないか
□鼻水が出ていないか
□せき・くしゃみはしていないか

口

□口臭がひどくないか
□舌が乾いていないか
□歯茎や舌の色がいつもと一緒か
□歯茎がはれていないか

体

□急激な体重の増減はないか
□体を何度もなめていないか
□フケ・悪臭がないか

毛

□毛ツヤが悪くなっていないか
□抜け毛が多くないか
□脱毛がないか

腹

□脇の下などの皮膚に炎症はないか
□異常にはれた部分はないか
□熱をもっていないか

おしり

□はれていないか
□異様に臭くないか
□血液や分泌物は出ていないか

こんな症状に注意

いつもと違う様子には要注意

実際に犬が病気になると、さまざまな症状が現れます。

いつもと違うこんな症状が出たときは要注意。迷わず動物病院に連れていきましょう。

おしりをこする

地面におしりをこすりつけている場合は、肛門腺が炎症を起こしている可能性があります。また、寄生虫がいる場合も。

かゆみ

脚や口で体をかいている場合は、細菌の感染、アレルギー、ストレス、寄生虫、シャンプーの不適合などが考えられます。

脚を引きずる

脚を引きずるときは、脚の外傷、骨や筋肉、神経の病気が疑われます。最初に脚の裏、肉球の間などに傷がないか確認しましょう。

体がふらつく

歩いているときに体がふらつくなら、神経的な疾患の可能性があります。できるだけ早急に動物病院に連れていきましょう。

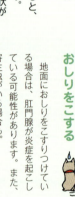

陰部をなめる

オスもメスも陰部をなめるのは通常の行為。多少の湿疹や膿ならば問題ありません。

ただし、陰部の色の異常や、いつもより大量のオリモノや膿が出ていたら要注意。なんらかの炎症を起こしている可能性も。

けいれんする

けいれんしているときは、犬に意識がないので不用意に近づくと危険です。落ち着いてから病院に連れていきましょう。

けいれんの原因としては、てんかん発作や熱射病、外傷性のもの、精神的ショックなどが考えられます。いずれにしても獣医と相談しながら対処法を考えましょう。

下痢・便秘

下痢や便秘は、犬が元気で食欲があるなら、食生活を改善することでたいていは解決します。

元気や食欲がない、出血がある、便の色が異常など、他の症状をともなうなら腸炎、アレルギー、内臓疾患などの可能性があります。

急な体重の変化

急激にやせたり、太ったりした場合は、肝臓系の疾患や腫瘍、糖尿病、寄生虫などの原因が考えられます。1度獣医に相談したほうがよいでしょう。

嘔吐

嘔吐の原因には、食べ過ぎ、車酔い、異物の誤飲といった一過性のものから、内臓の疾患による継続的なものがあります。

一過性で、食欲もあるなら問題はありませんが、吐き続けるなら獣医師に相談を。

大量のフケ

フケが大量に出るときは、ストレス、乾燥、皮膚病、シャンプーの不適合などが考えられます。

炎症などをともなうなら、動物病院に連れていきましょう。

動物病院での診察

病気やケガになる前に信頼できる病院を見つける

健康チェックで異常や気になることがあったら、電話でもかまわないので、躊躇せずに動物病院に相談しましょう。

いざというときのために、相談しやすく、分かりやすく説明してくれる動物病院を見つけておくとよいでしょう。

年に1～2度、
健康診断を受けると
安心じゃ
I ♥ DOG

動物病院の選び方

動物病院を選ぶときは、できるだけ設備が整い、十分なスタッフがそろっているところを選びましょう。そのような病院なら余裕を持ってじっくり診察してもらうことができます。

また獣医師の説明に納得がいかないときや、疑問があるときはセカンドオピニオンを求めることも考慮するとよいでしょう。

緊急時に備えて、自宅近くの24時間開業の獣医師もチェックしておくと安心です。

診察時の注意

動物病院で診察を受けるときは、犬が診察台から落ちたり、動いたりしないように体を支えます。リードを短く持ったまま、犬の後ろから腰やおしりのあたりを押さえるようにします。

こあいよ～
大丈夫だよ

薬の与え方

薬の種類に応じた与え方をマスターしておきましょう。

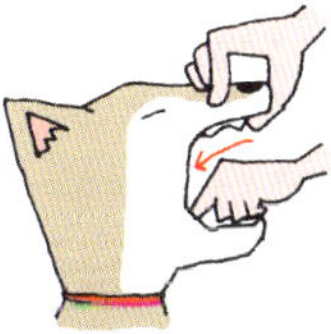

錠剤

❶ 犬の上あごを持ち上げるようにして口を開く。
❷ 錠剤をできるだけ口の奥のほうへ素早く入れる。
❸ 口を閉じて、鼻を上に向ける。

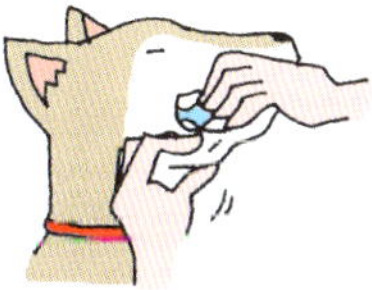

粉剤

❶ 犬の口を閉じたまま頬を外側に引っ張る。
❷ 歯と頬の間に粉剤を入れる。
❸ 頬を外からもんで、唾液で粉剤を混ぜ合わせる。

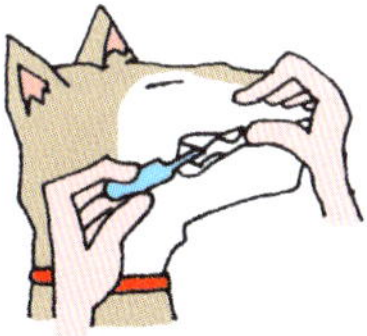

液剤

❶ 鼻先を持ち上げるようにして口を固定する
❷ スポイトを使って、犬歯の後ろから薬を流し入れる。
❸ しばらくの間鼻先を持ち上げたままにしておく。

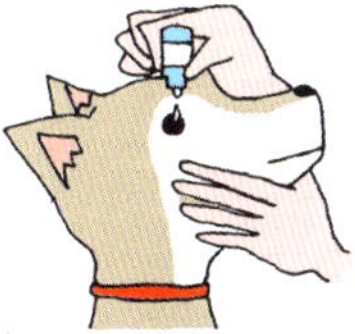

目薬

❶ 片手で口元を固定する。
❷ もう一方の手で目薬を持ち、頭の後ろから近づける。
❸ その手でまぶたを軽く広げ、点眼する。点眼器の先端が目に入らないように注意。

犬の老化とサイン

老化に合わせた対応と生活を心掛ける

犬も年を取れば、体や心が衰えてきます。飼い主から見ればさびしい面もありますが、円熟期を迎えたのだと考えて温かく見守ってあげましょう。

病気などで機能の衰えが進まないよう、食事面・運動面などで健康的な生活を心掛けるのが大切です。

オレも人生の円熟期！

老化の年齢

犬の老化は、犬種により異なりますが、7歳前後から徐々に始まります。年齢を目安にするとともに、次ページの老化のサインをつかみ、犬の老化度をチェックしましょう。老化に合わせ、無理なく過ごせる生活に変えていきます。

大型犬ほど早く年を取るぞ

老犬の暮らし

年齢に合わせた生活パターンを送ることが大切です。散歩は距離を短めにしたり、ゆっくりと歩いたりするようにします。その分、室内での遊びを増やすのもよいでしょう。

特に食事には気をつかい、糖尿病や心臓病予防のために低カロリーのものを。また、加齢にともなう免疫力低下を抑えるためにビタミンを多く含んだものにします。特にビタミンCは白内障予防にも最適です。

老化のサイン

老化のサインを見つけたら、今までの生活スタイルを見直しましょう。飼い主がゆったりとかまえ、優しく接することが大切です。

耳が遠くなる

呼んだり、物音が鳴ったりしてもあまり反応しなくなります。

怒りっぽい

五感の衰えによって、神経質で恐がりに。その結果、怒りっぽくなります。

歩きたがらない

足腰の衰えから、散歩を嫌がったり、散歩中にすぐに座り込んだりします。

排尿がうまくできない

おもらしをするようになったり、残尿感からいつまでもおしっこのポーズをとったりします。

夜鳴きする

夜鳴きは痴呆の典型的な症状の1つです。

老犬介護

体調に合わせたケアと生活のペースを大切に

体の衰えが進むと、立つ、歩く、食べる、排泄するといった基本的な行動も難しくなり、介護が必要となってきます。

人にも犬にも負担が少ない適切な介護の仕方を知っておくことが大切です。

無理のない範囲で運動を

老犬になると体力がなくなり、立つ・歩くといった簡単な動作も難しくなってきます。飼い主も老犬だからと散歩などの運動を控えがちです。

しかし、それではどんどん体が弱り、老化を早めることに。無理矢理動かすのはいけませんが、距離の短い散歩に連れていったり、家の中で遊んだりして、犬に運動させましょう。適度な運動は筋力・体力維持につながり、老化を遅らせます。

負担の少ない介護

犬の介護は、飼い主にも負担が大きいものです。役割を分担して、家族全員で協力するようにしましょう。また、夜鳴きなどで飼い主の生活を乱してしまうことも。ひどいときは睡眠剤の使用も考慮しましょう。

犬を抱き上げるとき

動けない犬を抱き上げるのは、犬も人も大変な作業。お互いに体を痛めないように正しく抱き上げてあげましょう。

❶声をかける

動かす前に声をかけて、びっくりさせないようにします。

❷背中から両手を差し入れる

背中から一方の手をおしりの下に、もう一方を首の下に差し入れます。それぞれ脚が握れるぐらい深く差し入れます。

❸抱き上げる

引き寄せるように抱き上げ、脚を軽く持ちます。声もかけましょう。

犬を立ち上がらせるとき

立ち上がることができなくなった犬は、介助して立たせます。腰の負担を軽くしながら、フセの姿勢から立たせます。

❶腰から腕を入れる

一方の腕を腰のあたりからお腹を支えるようにしっかりと奥まで入れます。

❷前脚の間から腕を入れる

もう一方の手を前脚の間から手の平が見えるぐらい奥に入れます。

❸前脚から立たせる

腕で支えながら前脚を立たせ、次に後ろ脚を立たせます。しっかりと立ったら手を放します。

散歩のサポート

寝たきりにするより動くことで足腰が鍛えられ、肥満防止や脳の活性化にもなります。体調に合わせて無理のない範囲でおこないましょう。

自分で立てない犬

犬を立たせ（→ P185）、手で左右の両脚を持ち、室内を歩かせます。日当たりのよい場所に行き、ひなたぼっこさせるのでもOK。

前脚・後ろ脚が弱っている犬

市販の器具のハーネス（→ P102）で補助します。この場合あまりたくさんの距離を歩かせないようにします。

外に出るときは人ごみや騒音の少ないコースを選びます。犬が疲れたり、何かあったりしたときにすぐ帰れるよう、家の近くを歩くようにしましょう。

食事のサポート

自分で立てる犬の場合、後ろで支えたり、食べやすいように食器の位置を調節するとよいでしょう。

自分で立てない犬

タオルを口の下にあて、少しずつスプーンなどで食べさせます。水は注射器で少しずつ飲ませます。食べない場合は、犬用ゼリーなど食べやすいものをあげましょう。

トイレのサポート

トイレを犬の近くに複数置いたり、1日のリズムを覚えて時間になったらトイレに誘導するなど、排泄がしやすい環境を整えましょう。

排泄時に立てない犬

飼い主が体を支えて排泄させます。オスは太ももや腰を支えて、メスは脚の付け根に近い部分を支えてあげます。

おもらしをする犬

市販の犬用おむつをはかせます。皮膚がかぶれないようまめに取り換えます。

※図はオスの場合

上半身が不安定な犬は
座らせて横から支える

※図はメスの場合

自分で排泄できない犬

犬を横たわらせて、おしっこがたまり、かたくなった膀胱をペットシーツなどでくるみ、直接押します。膀胱はオスは脚の付け根の前、メスは脚の付け根のやや後ろにあります。

入浴のサポート

体への負担が少ないように手早く短時間で月に1回程度入浴させます。元気のない犬は部分浴やタオルで拭くだけで OK です。

部分浴

たらいなどに脚だけ入れ、犬のお腹を腕で支えながら、主に肛門周りをスポンジで洗います。終わったら手桶で素早く注ぎます。

10年後
のんき、最近寝てばかりだ
年だからしかたないわ
ねぇ
テレビで老犬介護特集やってるよ
ポチ
では専門家にきいてみましょう
I♡DOG
世界最優秀ドッグトレーナー吉田金二郎さんです
こんにちは
I♡DOG
え、吉田さん…
太りすぎじゃ
ダメじゃ
ドッグトレーナーだったの…
ムシじゃ
しかも世界最優秀って…
ストレスじゃ
I♡DOG
あうっ…

老犬にも適度の散歩が必要じゃ
靴下をはかせたり
ウォーキングベルトを使ったり
するとよいぞ
ムリムリ
のんき立って
のんきダメかも…
そんなぁ
ちょっとまって
のんき!
♪
ひょいっ
ハグハグ
全然元気じゃん…
だろ?

ボケにも注意しなさい
こんな症状が出たらボケ始めた証拠じゃ
呼んでも反応しない
のんのん
のんきちゃ〜ん
の〜ん〜き〜
のんきっ
トイレの失敗
夜に起きて鳴く
クウ〜〜ン
さっきの調子じゃまだボケてないね
まったくだ
パリ
安心するにはまだ早い！
ガラッ
ボケ防止が大事じゃぞ

散歩
スキンシップ
よーしよし
よし
DHA・EPAを含む食事やサプリメント
…がよいぞ
小魚
HEALTHY DOG
サプリ
のんきが来てもう10年かぁ
おかげで毎日が楽しいわ
犬の気持ちが分かるようになったからだね
ボケ防止にスキンシップしようよ〜
ねえねえ
マリーちゃーん
ねえー♡
ねえー♡
のんきはまだまだ元気じゃの
のんきしつこーい
はい…

[参考文献]
いちばんわかりやすい犬のしつけBOOK（ナツメ社）／イヌの"本当の気持ち"がわかる本（ナツメ社）／愛犬・本当に困った時のすぐ効くしつけ（日本文芸社）／うまくいくイヌのしつけの科学（ソフトバンク・クリエイティブ）／老犬との暮らし方がわかる本（実業之日本社）／ドッグライフの便利帳（枻出版社）／子犬がわが家にやってくる！（高橋書店）　他

※本書は2011年に小社より発刊した「犬ゴコロ」を文庫化したものです

気持ちが分かればもっと仲良し！

犬ゴコロ

2015年1月25日　初版発行
2023年3月25日　再版発行

編　集　リベラル社
発行者　隅田直樹
発行所　リベラル社
〒460-0008
名古屋市中区栄3-7-9 新鏡栄ビル8F
TEL 052-261-9101
FAX 052-261-9134
http://liberalsya.com

発　売　株式会社 星雲社（共同出版社・流通責任出版社）
〒112-0005
東京都文京区水道1-3-30
TEL 03-3868-3275
印刷・製本所　株式会社 シナノパブリッシングプレス

イラスト
すぎやま えみこ（PENGUINBOOTS）

カバーデザイン
平井 秀和（Peace Graphics）

本文デザイン
渡辺 靖子（リベラル社）

編集
直本 文郎（Bering Networks）
伊藤 光恵・渡辺 靖子（リベラル社）

ISBN978-4-434-20093-9　C0177
320003